天津滨海新区科技统计年鉴

2019

天津市滨海新区科学技术局
天津市滨海新区统计局　编著
天津市科学技术发展战略研究院

科学技术文献出版社
SCIENTIFIC AND TECHNICAL DOCUMENTATION PRESS
·北京·

图书在版编目（CIP）数据

天津滨海新区科技统计年鉴. 2019 / 天津市滨海新区科学技术局，天津市滨海新区统计局，天津市科学技术发展战略研究院编著. —北京：科学技术文献出版社，2020. 12

ISBN 978-7-5189-7623-2

Ⅰ. ①天… Ⅱ. ①天… ②天… ③天… Ⅲ. ①科技统计—滨海新区—2019—年鉴 Ⅳ. ① G322.722.3-66

中国版本图书馆 CIP 数据核字（2020）第 268110 号

天津滨海新区科技统计年鉴 2019

策划编辑：李 蕊　责任编辑：赵 斌　责任校对：张永霞　责任出版：张志平

出 版 者　科学技术文献出版社
地　　址　北京市复兴路15号　邮编 100038
编 务 部　(010) 58882938，58882087（传真）
发 行 部　(010) 58882868，58882870（传真）
邮 购 部　(010) 58882873
官方网址　www.stdp.com.cn
发 行 者　科学技术文献出版社发行　全国各地新华书店经销
印 刷 者　北京虎彩文化传播有限公司
版　　次　2020 年 12 月第 1 版　2020 年 12 月第 1 次印刷
开　　本　889 × 1194　1/16
字　　数　302千
印　　张　13.25
书　　号　ISBN 978-7-5189-7623-2
定　　价　56.00元

《天津滨海新区科技统计年鉴 2019》
编辑委员会

编者说明

一、《天津滨海新区科技统计年鉴》由天津市滨海新区科学技术局、天津市滨海新区统计局和天津市科学技术发展战略研究院共同编辑完成，是一部全面反映天津滨海新区科学技术活动情况的资料性年鉴，创建于2011年，以后逐年编辑制作，形成系列。《天津滨海新区科技统计年鉴2019》正式出版，系统收录了天津滨海新区2018年科技投入、产出及成果各方面的统计数据及其他历史年份的全区主要统计数据。

二、年鉴中的统计数据均来源于各专业统计年报或专业部门统计数据。

三、年鉴所使用的度量衡单位均采用国际统一标准计量单位，行业分类标准均采用国家标准GB/T 4754—2017。

四、年鉴正文共包括7个部分：第一部分为反映全区科技活动的综合统计资料；第二部分为科学研究与技术开发机构的科技活动情况；第三、第四、第五部分分别为规模以上工业企业、建筑业企业、重点服务业企业科技活动情况；第六部分为国家级高新技术企业的科技活动情况；第七部分为平台建设情况。附录为主要统计指标解释。

五、由于统计方法制度的变化及不同年份有关专业的普查、调查、清查结果数据相衔接等原因，年鉴中部分指标的历史年份数据会有所调整。读者在使用以往的历史资料时，凡数据与本年鉴不一致的，均以本年鉴为准。

六、年鉴中数据合计数和相对数由于四舍五入取舍不同而产生的计算误差，均未做机械调整。

七、年鉴中“#”表示其中的主要项；所有标注按①②③④等形式展示；“空格”表示该项统计指标数据不足表中最小单位、数据不详或无该项数据。

八、限于编者水平和经验的欠缺，不足之处敬请广大读者批评指正。

目 录

天津滨海新区科技统计年鉴 2019

第一部分

综　合

表 1-1 主要社会、经济指标（2012—2018 年）

指标	单位	2012 年	2013 年	2014 年	2015 年	2016 年	2017 年	2018 年
建成区面积	平方千米	322.64	333.16	344.59	354.05	367.38	364.20	370.24
常住人口	万人	263.52	278.72	291.43	297.01	299.42	298.42	298.34
户籍人口	万人	115.88	118.21	120.84	123.92	128.18	131.46	138.26
法人单位	个	53245	56693	59447	75372	86963	110533	81300
#企业法人		50075	53407	56271	71921	83597	106850	78943
产业活动单位	个	3218	3469	3888	6196	6245	8193	3408
#企业		2732	2985	3405	5654	5761	7708	3335
公共财政收入①	亿元	840.78	664.96	1028.20	748.88	813.69	995.41	684.09
公共财政支出①	亿元	494.08	650.53	747.01	761.10	905.53	746.69	650.80
外贸出口总额②	亿元	308.6	311.5	328.2	324.3	264.7	1799.5	2005.1
占全市外贸出口比重	%	63.9	63.5	62.4	63.4	59.8	61.5	62.5
实际直接利用外资额	亿美元	98.4	110.0	123.3	138.2	71.1	80.0	34.5
占全市比重	%	65.5	65.4	65.3	65.4	70.4	75.4	71.1
直接利用外资项目数量	个	372	375	482	806	943	750	821
农林牧渔业总产值	亿元	23.9	26.0	28.1	29.2	30.5	29.4	29.9
规模以上工业企业单位数	个	1540	1529	1464	1489	1201	1135	1121
规模以上工业企业主营业务收入	亿元	14578.6	16070.2	16318.6	15036.7	8317.9	8271.8	9281.1
建筑业企业单位数	个	537	548	555	548	435	435	453
建筑业企业总产值	亿元	1625.3	1849.0	1992.0	2147.5	2023.3	1992.0	1707.7
限额以上批发零售业主营业务收入	亿元	11629.7	15855.0	14705.1	15030.3	12744.5	12216.9	12669.9

注：①公共财政收入及公共财政支出数据来源于科技部全国地方财政科学技术支出年度统计调查，与《天津滨海新区统计年鉴2019》可能略有出入，下同。

② 2016 年及以前外贸出口总额单位为亿美元，2017 年及以后为亿元。

表 1-2　主要科技指标（2012—2018 年）

指标	单位	2012 年	2013 年	2014 年	2015 年	2016 年	2017 年	2018 年
专利申请受理量[①]	件	14808	24087	20297	23967	29336	21769	25718
# 发明专利		5156	9652	7462	8038	9724	5810	6243
专利申请授权量	件	6682	8589	8440	10781	12113	10809	15055
# 发明专利		1015	864	968	1565	1540	1639	1558
有效专利量	件	17986	24510	29656	36190	38554	44108	51569
# 发明专利		3061	3430	5217	6177	6137	7849	9256
财政科技支出[②]	亿元	23.26	31.68	37.77	41.93	49.59	51.76	39.56
技术市场合同成交数	项	3966	3114	3070	2565	2101	1745	1580
技术市场合同成交金额	亿元	52.04	87.24	129.28	229.48	186.57	185.97	251.77
R&D 经费内部支出	亿元	169.45	200.04	220.76	238.24	153.36	168.65	199.56
企业 R&D 经费内部支出占全区研发经费的比重	%	89.93	72.06	73.16	75.85	86.82	98.23	97.28

注：①专利数据包括职务发明和非职务发明的所有专利，下同。

②财政科技支出数据来源于科技部全国地方财政科学技术支出年度统计调查，与《天津滨海新区统计年鉴 2019》可能略有出入，下同。

表 1-3　财政科技支出（2012—2018 年）

年份	公共财政支出（亿元）	财政科技支出（亿元）	财政科技支出占公共财政支出比重（%）
2012	494.08	23.26	4.71
2013	650.53	31.68	4.87
2014	747.01	37.77	5.06
2015	761.10	41.93	5.51
2016	905.53	49.59	5.48
2017	746.69	51.76	6.93
2018	650.80	39.56	6.08

表 1-4 专利情况（2012—2018 年）

单位：件

年份	专利申请受理量	发明	实用新型	外观设计	专利申请授权量	发明	实用新型	外观设计	有效专利量	# 发明
2012	14808	5156	8734	918	6682	1015	4904	763	17986	3061
2013	24087	9652	13020	1415	8589	864	7068	657	24510	3430
2014	20297	7462	11451	1384	8440	968	6440	1032	29656	5217
2015	23967	8038	14540	1389	10781	1565	8122	1094	36190	6177
2016	29336	9724	18401	1211	12113	1540	9639	934	38554	6137
2017	21769	5810	14538	1421	10809	1639	8189	981	44108	7849
2018	25718	6243	17960	1515	15055	1558	12074	1423	51569	9256

表 1-5 获天津市科学技术奖情况（2012—2018 年）

单位：项

项目	2012 年	2013 年	2014 年	2015 年	2016 年	2017 年	2018 年
合计	**91**	**85**	**83**	**85**	**87**	**85**	**79**
按等级分							
一等奖	7	13	9	11	9	9	13
二等奖	30	30	28	30	32	35	37
三等奖	54	42	46	44	46	41	29
国际科学技术合作奖	0	0	0	0	0	0	0
科技重大成就奖	0	0	0	0	0	0	0
按类别分							
自然科学奖	1	0	0	0	0	0	0
技术发明奖	3	5	3	2	3	4	4
科学技术进步奖	87	80	80	83	84	81	75
国际科学技术合作奖	0	0	0	0	0	0	0
科技重大成就奖	0	0	0	0	0	0	0

表 1-6　技术市场合同成交情况（2012—2018 年）

项目	2012 年	2013 年	2014 年	2015 年	2016 年	2017 年	2018 年
成交数量（项）	**3966**	**3114**	**3070**	**2565**	**2101**	**1745**	**1580**
技术开发	3216	2510	2214	2073	1544	1184	1183
技术转让	69	37	83	47	28	24	107
技术咨询	30	14	54	1	91	63	16
技术服务	651	553	719	444	438	474	274
成交金额（亿元）	**52.04**	**87.24**	**129.28**	**229.48**	**186.57**	**185.97**	**251.77**
技术开发	34.24	27.63	48.28	42.39	34.70	18.21	16.28
技术转让	1.97	1.52	3.47	1.43	1.30	1.07	38.19
技术咨询	0.07	0.06	2.41	0.00	5.03	0.17	38.35
技术服务	15.76	58.03	75.12	185.66	145.54	166.52	158.94

表 1-7　研究与试验发展（R&D）人员按执行部门分布（2012—2018 年）

单位：人年

年份	R&D 人员折合全时当量				
		科研机构	工业企业	高等学校	其他
2012	41488.8	3726.0	34543.2	1630.8	1588.8
2013	43193.8	4416.0	33992.6	1979.4	2805.8
2014	48017.3	4805.0	38411.4	1995.1	2805.8
2015	51283.4	9721.0	36914.2	1842.4	2805.8
2016		1161.0		1658.3	
2017	32595.8	734.0		38.8	
2018	35362.6	1296.0	19897.0	121.6	14048.0

表 1-8 研究与试验发展（R&D）经费支出按执行部门分布（2012—2018 年）

年份	R&D 经费内部支出（亿元）					与地区生产总值比值（%）
		科研机构	工业企业	高等学校	其他	
2012	169.45	11.09	131.74	9.74	16.88	2.35
2013	200.04	18.25	144.15	13.06	24.58	2.49
2014	220.76	19.26	161.49	15.77	24.24	2.52
2015	238.24	27.57	158.10	19.58	32.99	2.57
2016	153.36	4.72	100.90	15.49	32.25	
2017	168.65	2.96	101.99	0.02	63.68	2.51
2018	199.56	5.32	119.06	0.12	75.07	2.77

表 1-9 主要功能区基本情况（2018 年）

指标	单位	经济技术开发区	天津港保税区	滨海高新区	东疆保税港区	中新天津生态城
建成区面积	平方千米	103.12	60.74	29.22	11.16	14.59
“四上”企业从业人员	万人	36.13	15.81	12.72	2.39	1.92
“四上”企业从业人员平均工资	元	98208	105240	119283	100528	130279
公共财政收入	亿元	155.70	67.10	39.20	51.70	28.90
公共财政支出	亿元	171.02	72.40	42.46	62.17	47.04
外贸出口总额	亿元	1188.46	412.80	176.58	106.22	1.19
实际直接利用外资额	亿美元	11.12	9.08	6.09	5.08	3.03

表 1-10　天津经济技术开发区规模以上工业企业主要财务指标（2018 年）

项目	企业单位数（个）	全部职工年平均人数（人）	资产合计（亿元）	营业收入（亿元）	利税总额（亿元）	# 利润总额
合计	**456**	**225031**	**3952.2**	**4862.4**	**591.7**	**288.0**
一、按登记注册类型分						
内资企业	**164**	**75798**	**1383.7**	**1092.8**	**157.4**	**37.8**
国有企业	2	339	54.7	22.1	−0.1	−0.3
私营企业	62	7628	90.5	100.5	14.3	10.2
股份有限公司	9	17017	354.2	544.1	138.7	33.3
有限责任公司	91	50814	884.4	426.1	4.5	−5.4
# 国有独资	10	27647	482.1	214.7	−8.2	−12.6
港澳台商投资企业	**59**	**21574**	**332.9**	**349.4**	**35.1**	**21.6**
外商投资企业	**233**	**127659**	**2235.6**	**3420.3**	**399.2**	**228.6**
二、按经济类型分						
国有经济	12	27986	536.8	236.8	−8.3	−12.8
私有经济	62	7628	90.5	100.5	14.2	10.2
港澳台投资经济	59	21574	332.9	349.4	35.1	21.6
外商投资经济	233	127659	2235.6	3420.3	399.2	228.6
其他	90	40184	756.5	755.5	151.4	40.5
三、按隶属关系分						
中央	10	7162	273.7	315.7	116.2	25.0
地方	49	24477	446.7	482.0	43.5	27.0
其他	397	193392	3231.9	4064.8	432.0	236.0
四、按企业规模分						
大型	42	150592	2453.9	3400.1	486.5	231.0
中型	69	37865	668.0	743.4	48.4	29.2
小型	315	35761	778.2	660.7	53.0	25.9
微型	30	813	52.2	58.3	3.8	1.9

表 1–11 天津港保税区规模以上工业企业主要财务指标（2018 年）

项目	企业单位数（个）	全部职工年平均人数（人）	资产合计（亿元）	营业收入（亿元）	利税总额（亿元）	#利润总额
合计	**212**	**52974**	**1841.8**	**1404.3**	**81.2**	**30.2**
一、按登记注册类型分						
内资企业	**131**	**34118**	**1314.5**	**833.9**	**34.6**	**9.3**
私营企业	38	5181	77.3	71.7	8.5	4.9
股份有限公司	12	10354	439.0	158.0	5.2	3.5
有限责任公司	81	18583	798.2	604.2	20.9	0.9
#国有独资	12	4178	267.1	216.9	5.2	–2.6
港澳台商投资企业	**12**	**3776**	**69.5**	**58.8**	**3.6**	**0.4**
外商投资企业	**69**	**15080**	**457.8**	**511.7**	**43.1**	**20.5**
二、按经济类型分						
国有经济	12	4178	267.1	216.9	5.2	–2.6
私有经济	38	5181	77.3	71.7	8.5	4.9
港澳台投资经济	12	3776	69.5	58.8	3.6	0.4
外商投资经济	69	15080	457.8	511.7	43.1	20.5
其他	81	24759	970.1	545.3	20.9	7.0
三、按隶属关系分						
中央	3	550	11.4	23.7	1.0	0.2
地方	25	9855	595.3	385.5	2.1	–3.6
其他	184	42569	1235.1	995.1	78.1	33.6
四、按企业规模分						
大型	5	8943	436.1	179.7	5.2	3.7
中型	42	23630	616.8	537.0	25.1	8.7
小型	155	20175	767.3	680.7	50.9	17.8
微型	10	226	21.6	6.9	0.1	–0.1

表 1-12 天津滨海高新技术产业开发区规模以上工业企业主要财务指标（2018 年）

项目	企业单位数（个）	全部职工年平均人数（人）	资产合计（亿元）	营业收入（亿元）	利税总额（亿元）	# 利润总额
合计	**213**	**50196**	**2167.0**	**1634.1**	**886.1**	**598.4**
一、按登记注册类型分						
内资企业	**158**	**38857**	**1899.3**	**1400.7**	**831.8**	**562.8**
私营企业	62	5721	203.2	116.9	1.3	-0.7
股份有限公司	28	15563	1292.5	1020.0	811.4	551.4
有限责任公司	68	17573	403.6	263.8	19.1	12.0
# 国有独资	4	589	10.9	4.1	0.2	-0.1
港澳台商投资企业	**11**	**1222**	**63.2**	**31.1**	**20.6**	**13.8**
外商投资企业	**44**	**10117**	**204.5**	**202.2**	**33.7**	**21.8**
二、按经济类型分						
国有经济	4	589	10.9	4.1	0.2	-0.1
私有经济	62	5721	203.2	116.9	1.3	-0.7
港澳台投资经济	11	1222	63.2	31.1	20.6	13.8
外商投资经济	44	10117	204.5	202.2	33.7	21.8
其他	92	32547	1685.2	1279.8	830.3	563.5
三、按隶属关系分						
中央	4	10593	898.4	888.1	800.2	543.1
地方	29	5348	306.4	46.1	8.0	6.0
其他	180	34255	962.2	699.8	77.9	49.3
四、按企业规模分						
大型	8	18933	986.7	976.1	811.1	550.8
中型	28	14428	577.3	316.1	22.9	12.9
小型	165	16582	586.4	296.7	50.9	32.9
微型	12	253	16.6	45.1	1.3	0.8

天津滨海新区科技统计年鉴 2019　　第二部分

科学研究与技术开发机构

表 2–1　科学研究与技术开发机构基本情况（2014—2018 年）

指标	单位	2014 年	2015 年	2016 年 ①	2017 年	2018 年
单位数	**家**	**62**	**74**	**21**	**20**	**27**
#有科技活动单位		62	74	21	20	27
#有 R&D 活动单位		47	61	15	15	21
从业人员	**人**	**14707**	**29352**	**1239**	**1406**	**2637**
#科技活动人员 ②		8678	15261	1117	1327	2550
R&D 人员折合全时当量	**人年**	**4805**	**9721**	**714**	**734**	**1296**
基础研究		145	130	48	25	86
应用研究		362	456	74	71	341
试验发展		4298	9135	592	638	869
收入总额	**万元**	**933059.6**	**2880234.6**	**96916.4**	**110396.2**	**134249.6**
科技活动收入		362732.3	1638913.2	92360.3	106152.3	127582.1
生产经营活动收入		100535.6	132258.6	1047.8	954.0	1015.1
其他收入		469791.7	1109062.7	3508.3	3289.9	5652.4
支出总额	**万元**	**799899.9**	**2399176.5**	**67455.6**	**81698.6**	**139394.7**
科技活动支出		306022.0	490582.1	64182.4	78450.3	134832.5
生产经营活动支出		87421.9	114562.3	920.4	1008.5	1688.0
其他支出		406456.0	1794032.1	2352.8	2239.8	2874.2
R&D 经费内部支出	**万元**	**192557.8**	**275682.2**	**32752.3**	**29630.0**	**53188.4**
按活动类型分						
基础研究		3676.5	4446.5	529.4	578.6	3576.2
应用研究		16164.3	17357.4	1428.6	1745.2	11430.4
试验发展		172717.0	253878.3	30794.3	27306.2	38181.8
按资金来源分						
政府资金		30347.2	41992.9	20455.5	21229.2	39631.0
企业资金		153816.1	230177.1	7460.2	4532.2	3633.2
国外资金		0.0	530.8	0.0	0.0	0.0
其他资金		8394.5	2981.4	4836.6	3868.6	9924.2
R&D 课题数	**项**	**901**	**1230**	**209**	**204**	**433**
R&D 课题投入人员	**人年**	**4309**	**9081**	**591**	**619**	**1072**
R&D 课题经费内部支出	**万元**	**107313.0**	**194451.3**	**21173.6**	**23603.0**	**38133.8**

注：①由于统计调查制度变化，2016 年起科学研究与技术开发机构数为科学研究和技术服务业的事业单位和民办非企业，不包括企业。

②自 2016 年起，科技活动人员不包括外聘流动学者和在读研究生。

表 2-2　科学研究与技术开发机构科技活动人员情况（2018 年）

单位：人

项目	科技活动人员	按职称分				按学历分			
		高级	中级	初级	其他	研究生	大学	大专	其他
合计	**2550**	**609**	**608**	**407**	**926**	**1243**	**931**	**149**	**227**
一、按机构隶属关系分									
中央	1274	439	332	220	283	669	379	43	183
地方	1276	170	276	187	643	574	552	106	44
二、按机构服务的国民经济行业分									
农、林、牧、渔业	57	15	25	14	3	25	29	3	0
制造业	546	104	187	47	208	392	131	20	3
信息传输、软件和信息技术服务业	157	18	45	16	78	94	57	6	0
金融业	11	1	1	2	7	4	5	1	1
科学研究和技术服务业	1627	413	316	316	582	661	644	102	220
公共管理、社会保障和社会组织	152	58	34	12	48	67	65	17	3

表 2-3　科学研究与技术开发机构经费收入情况（2018 年）

单位：万元

项目	收入总额	科技活动收入	政府资金	企业资金	国外资金	其他资金	生产经营收入	其他收入
合计	**134249.6**	**127582.1**	**65689.5**	**37058.6**	**420.0**	**24414.0**	**1015.1**	**5652.4**
一、按机构隶属关系分								
中央	76255.4	72086.9	28959.9	30333.2	400.1	12393.7	0.0	4168.5
地方	57994.2	55495.2	36729.6	6725.4	19.9	12020.3	1015.1	1483.9
二、按机构服务的国民经济行业分								
农、林、牧、渔业	3940.6	3688.4	3156.2	4.0	19.9	508.3	67.1	185.1
制造业	26804.3	25083.2	20743.6	2743.1	0.0	1596.5	806.8	914.3
信息传输、软件和信息技术服务业	15514.4	15282.1	6614.0	456.4	0.0	8211.7	141.2	91.1
金融业	530.5	530.5	184.0	0.0	0.0	346.5	0.0	0.0
科学研究和技术服务业	82923.1	78496.7	34142.9	33855.1	400.1	10098.6	0.0	4426.4
公共管理、社会保障和社会组织	4536.7	4501.2	848.8	0.0	0.0	3652.4	0.0	35.5

表 2-4　科学研究与技术开发机构经费支出情况（2018 年）

单位：万元

项目	支出总额	科技活动支出	#人员费用	#设备购置费	#其他日常支出	生产经营支出	其他支出
合计	**139394.7**	**134832.5**	**47083.6**	**22576.1**	**56038.3**	**1688.0**	**2874.2**
一、按机构隶属关系分							
中央	63672.5	60890.6	16349.1	15161.7	28221.3	1688.0	1093.9
地方	75722.2	73941.9	30734.5	7414.4	27817.0	0.0	1780.3
二、按机构服务的国民经济行业分							
农、林、牧、渔业	3240.3	3003.7	1107.8	39.8	1856.1	28.8	207.8
制造业	30021.2	29154.1	9992.0	6026.1	10721.5	185.9	681.2
信息传输、软件和信息技术服务业	11771.2	11583.6	2442.2	3465.3	5676.1	162.1	25.5
金融业	1647.4	1647.4	740.7	5.7	679.0	0.0	0.0
科学研究和技术服务业	88129.8	84883.7	30960.0	12794.3	34631.4	1311.2	1934.9
公共管理、社会保障和社会组织	4584.8	4560.0	1840.9	244.9	2474.2	0.0	24.8

表 2-5　科学研究与技术开发机构基本建设情况（2018 年）

单位：万元

项目	科研基建完成额	按用途分		按来源分			
		科研仪器设备	科研土建工程	政府资金	企业资金	事业单位资金	其他资金
合计	**9134.5**	**4941.8**	**4192.7**	**6015.4**	**0.0**	**3119.1**	**0.0**
一、按机构隶属关系分							
中央	7976.0	4554.8	3421.2	4856.9	0.0	3119.1	0.0
地方	1158.5	387.0	771.5	1158.5	0.0	0.0	0.0
二、按机构服务的国民经济行业分							
农、林、牧、渔业	0.0	0.0	0.0	0.0	0.0	0.0	0.0
制造业	2414.5	80.7	2333.8	1596.5	0.0	818.0	0.0
信息传输、软件和信息技术服务业	222.0	222.0	0.0	222.0	0.0	0.0	0.0
金融业	0.0	0.0	0.0	0.0	0.0	0.0	0.0
科学研究和技术服务业	6498.0	4639.1	1858.9	4196.9	0.0	2301.1	0.0

表 2-6 科学研究与技术开发机构 R&D 课题情况（2018 年）

项目	R&D 课题数（项）	课题参加人员折合全时当量（人年）		课题经费内部支出（万元）	
			# 研究人员		# 政府资金
合计	433	1071.9	701.3	38133.8	23152.0
一、按机构隶属关系分					
中央	270	452.7	408.1	15240.9	4911.5
地方	163	619.2	293.2	22893.0	18240.5
二、按课题服务的国民经济行业分					
农、林、牧、渔业	15	28.4	15.1	750.8	475.2
制造业	95	338.4	240.3	6606.3	3812.7
信息传输、软件和信息技术服务业	34	179.6	56.1	11300.4	7812.5
电力、热力、燃气及水生产和供应业	1	0.5	0.5	33.2	0.0
建筑业	1	2.0	2.0	86.0	0.0
交通运输、仓储和邮政业	1	2.0	2.0	41.2	11.2
科学研究和技术服务业	241	468.7	348.1	16572.1	9474.8
水利、环境和公共设施管理业	31	27.8	22.3	1901.5	1197.5
卫生和社会工作	10	16.5	14.5	566.7	92.4
公共管理、社会保障和社会组织	4	8.0	0.4	275.7	275.7
三、按课题来源分					
中央政府部门下达课题	178	311.4	217.5	13843.5	5966.1
地方政府部门下达课题	147	437.2	240.8	17539.7	14812.8
企业委托课题	61	121.6	102.3	2671.8	16.9
自选课题	41	191.7	130.7	3709.5	2225.5
国际合作课题	6	10.0	10.0	369.3	130.7
其他课题	0	0.0	0.0	0.0	0.0
四、按课题合作形式分					
与境外机构合作	6	10.0	10.0	369.3	130.7
与国内高校合作	34	223.1	116.0	3344.9	3323.7
与国内独立研究机构合作	19	56.0	17.9	1264.3	853.1
与境内注册的其他企业合作	2	22.0	9.0	728.0	662.0
独立研究	368	744.8	544.4	32032.7	18114.2
其他	4	16.0	4.0	394.7	68.3
五、按课题活动类型分					
基础研究	62	67.0	64.7	2637.1	641.2
应用研究	147	268.0	196.7	8030.5	3440.1

表 2-6　科学研究与技术开发机构 R&D 课题情况（2018 年）（续一）

项目	R&D 课题数（项）	课题参加人员折合全时当量（人年）	#研究人员	课题经费内部支出（万元）	#政府资金
试验发展	224	736.9	439.9	27466.2	19070.8
六、按课题学科分					
工程科学与技术领域	**342**	**861.0**	**605.8**	**33364.6**	**19199.3**
信息与系统科学相关工程与技术	18	62.0	21.4	7126.1	3653.7
自然科学相关工程与技术	194	300.1	299.7	11622.0	3472.4
材料科学	12	39.8	21.0	593.5	225.2
矿山工程技术	1	1.2	0.6	11.6	0.7
机械工程	17	53.6	26.7	2001.9	1698.6
电子与通信技术	18	158.3	108.3	6687.9	6687.9
计算机科学技术	19	122.3	37.7	2389.7	2374.3
化学工程	8	15.8	9.0	457.9	55.0
产品应用相关工程与技术	1	3.0	2.0	32.5	5.5
纺织科学技术	1	2.0	0.9	32.6	1.9
食品科学技术	2	11.8	4.0	284.9	7.5
土木建筑工程	2	5.0	5.0	24.5	8.5
水利工程	6	6.0	6.0	96.2	18.7
交通运输工程	30	59.5	52.5	1384.2	552.1
环境科学技术及资源科学技术	9	13.9	8.5	464.7	360.0
安全科学技术	4	6.7	2.5	154.3	77.6
农业科学	**23**	**26.2**	**17.0**	**1034.2**	**1026.9**
农学	4	11.0	6.5	119.5	112.3
水产学	19	15.2	10.5	914.7	914.7
医学科学	**24**	**71.4**	**28.7**	**2034.9**	**1543.7**
预防医学与公共卫生学	1	7.0	1.0	956.0	956.0
药学	15	45.3	18.4	502.6	109.6
中医学与中药学	8	19.1	9.3	576.3	478.1
自然科学	**43**	**112.1**	**49.0**	**1699.0**	**1380.9**
信息科学与系统科学	10	46.0	21.4	1151.2	1088.6
力学	1	1.0	1.0	15.0	0.0
化学	15	25.0	11.2	245.7	5.3
地球科学	3	2.7	1.4	29.4	29.4
生物学	14	37.4	14.0	257.7	257.7

表 2-6　科学研究与技术开发机构 R&D 课题情况（2018 年）（续二）

项目	R&D 课题数（项）	课题参加人员折合全时当量（人年）	# 研究人员	课题经费内部支出（万元）	# 政府资金
社会、人文科学领域	**1**	**1.2**	**0.8**	**1.2**	**1.2**
统计学	1	1.2	0.8	1.2	1.2
七、按课题的社会经济目标分					
环境保护、生态建设及污染防治	13	8.0	7.0	717.5	283.7
能源生产、分配和合理利用	1	4.0	2.0	115.8	46.6
卫生事业发展	51	169.7	72.6	2447.3	1077.9
基础设施以及城市和农村规划	47	153.1	112.0	7646.3	6890.9
社会发展和社会服务	37	153.6	46.7	6234.0	5913.5
地球和大气层的探索与利用	6	7.9	3.4	210.1	210.1
农林牧渔业发展	25	29.2	20.0	1162.8	1026.9
工商业发展	128	351.9	267.9	12402.8	4996.0
非定向研究	118	161.7	158.7	6685.7	2260.9
其他	7	32.8	11.0	511.5	445.5

表 2-7　科学研究与技术开发机构科技成果情况（2018 年）

项目	专利申请受理数（件）	# 发明专利	专利申请授权数（件）	# 发明专利	有效发明专利数（件）	形成国家或行业标准数（项）	发表科技论文（篇）	出版科技著作（种）
合计	**326**	**232**	**163**	**75**	**388**	**20**	**571**	**18**
一、按机构隶属关系分								
中央	168	100	133	56	307	16	490	15
地方	158	132	30	19	81	4	81	3
二、按机构服务的国民经济行业分								
农、林、牧、渔业	18	17	7	1	10	0	17	0
制造业	96	94	56	53	219	1	177	0
信息传输、软件和信息技术服务业	62	62	1	1	3	7	18	0
金融业	0	0	0	0	0	0	0	0
科学研究和技术服务业	150	59	99	20	68	10	349	15
公共管理、社会保障和社会组织	0	0	0	0	88	2	10	3

第三部分

规模以上工业企业

表 3-1　规模以上工业企业基本情况（2012—2018 年）

项目	单位	2012 年	2013 年	2014 年	2015 年	2016 年	2017 年	2018 年
企业数	个	1540	1529	1464	1489	1201	1135	1121
全部职工年平均人数	人	732130	721406	691069	651119	441705	414282	416096
工业总产值	亿元	14520.0	15904.5	16336.5	15354.4			8919.1
实收资本	亿元	2768.3	2887.1	3043.2	2975.4		2343.3	2284.6
资产合计	亿元	12350.6	13227.0	13844.1	14709.1	10060.5	9571.5	10074.7
流动资产合计	亿元	6679.1	6967.6	7306.3	7331.5	5040.4	4781.4	4996.2
# 存货		1474.3	1459.2	1654.2	1485.4	1000.3	1008.2	1037.6
# 产成品		377.7	408.1	390.1	434.0	308.5	339.6	351.1
固定资产合计	亿元	4514.7	5000.0	5036.1	5154.5		3410.7	
固定资产原价	亿元	6976.4	8004.0	8369.8	9114.3		7282.3	4628.9
主营业务收入	亿元	14578.6	16070.2	16318.6	15036.7	8317.9	8271.8	9281.1
主营业务成本	亿元	12256.1	13650.1	13934.9	12708.0	6931.0	6711.5	
主营业务税金及附加	亿元	247.3	243.3	240.6	248.7	211.8	210.8	
利税总额	亿元	2190.8	2383.1	2134.3	1926.3	1073.4	1247.2	1751.0
# 利润总额		1352.9	1352.8	1262.8	1098.7	597.1	778.1	987.6

表 3-2 规模以上工业企业基本情况（一）（2018 年）

项目	企业数（个）	#有研发机构	从业人员期末人数（人）	工业总产值（亿元）
合计	**1121**	**133**	**404558**	**8919.1**
一、按企业规模分				
大型	68	24	228106	5410.1
中型	166	36	86783	1616.1
小型	820	73	88685	1784.8
微型	67	0	984	108.1
二、按隶属关系分				
中央	33	8	54233	2121.5
地方	154	37	61153	1062.5
其他	934	88	289172	5735.1
三、按登记注册类型分				
内资企业	**662**	**99**	**220798**	**4457.9**
国有企业	3	0	633	82.2
股份合作企业	8	1	1535	7.9
有限责任公司	355	62	124599	1437.2
股份有限公司	59	20	68060	2536.0
私营企业	237	16	25971	394.6
港澳台商投资企业	**93**	**6**	**28253**	**411.5**
合资经营企业（港或澳、台资）	36	3	13622	226.0
港澳台商独资经营企业	52	2	11871	160.1
港澳台商投资股份有限公司	5	1	2760	25.4
外商投资企业	**366**	**28**	**155507**	**4049.8**
中外合资经营企业	120	17	64815	2109.0
中外合作经营企业	7	0	2921	78.7
外资企业	232	9	85953	1848.0
外商投资股份有限公司和其他外商投资企业	7	2	1818	14.0
四、按国民经济行业分				
采矿业	**12**	**5**	**60293**	**1288.6**
煤炭开采和洗选业	2	0	430	2.2
石油和天然气开采业	2	2	19379	996.0

表 3-2　规模以上工业企业基本情况（一）（2018 年）（续一）

项目	企业数（个）	#有研发机构	从业人员期末人数（人）	工业总产值（亿元）
黑色金属矿采选业和非金属矿采选业	3	2	5139	28.9
开采专业及辅助性活动	5	1	35345	261.5
制造业	**1042**	**128**	**334127**	**7366.4**
农副食品加工业	28	4	5049	357.0
食品制造业	32	3	9580	164.4
烟草制造品与酒、饮料和精制茶制造业	10	0	4057	58.7
纺织业	8	1	2088	12.4
纺织服装、服饰业	6	1	688	2.7
木材加工和木、竹、藤、棕、草制品业	4	0	150	3.1
家具制造业	8	0	7519	19.1
造纸和纸制品业	17	1	2588	33.5
印刷和记录媒介复制业	10	0	2095	19.3
文教、工美、体育和娱乐用品制造业	14	1	2499	72.3
石油、煤炭及其他燃料加工业	23	2	10645	976.4
化学原料和化学制品制造业	125	20	27400	865.2
医药制造业	39	13	16915	247.6
化学纤维制造与橡胶和塑料制品业	73	7	13323	110.2
非金属矿物制品业	60	0	6200	88.2
黑色金属冶炼和压延加工业	27	1	4716	271.1
有色金属冶炼和压延加工业	14	3	2896	145.9
金属制品业	50	4	8869	94.2
通用设备制造业	60	7	13649	199.4
专用设备制造业	95	12	24976	252.2
汽车制造业	98	9	61610	1432.1
铁路、船舶、航空航天和其他运输设备制造业	31	5	10015	85.1
电气机械和器材制造业	73	11	29101	483.1
计算机、通信和其他电子设备制造业	80	16	60219	1300.0
仪器仪表制造业	30	7	4184	47.5
其他制造业	8	0	752	8.3
废弃资源综合利用业	9	0	505	9.2

表 3-2　规模以上工业企业基本情况（一）（2018 年）（续二）

项目	企业数（个）	#有研发机构	从业人员期末人数（人）	工业总产值（亿元）
金属制品、机械和设备修理业	10	0	1839	8.0
电力、热力、燃气及水生产和供应业	**67**	**0**	**10138**	**264.2**
电力、热力生产和供应业	34	0	6540	188.9
燃气生产和供应业	15	0	1738	52.4
水的生产和供应业	18	0	1860	22.9
五、按企业控股情况分				
国有控股	219	47	146635	4097.1
集体控股	17	2	1951	23.8
私人控股	405	45	76964	1045.3
港澳台商控股	79	6	33586	661.6
外商控股	330	21	127157	2900.5
其他	71	12	18265	190.9

表 3-3　规模以上工业企业基本情况（二）（2018 年）[①]

单位：万元

项目	主营业务收入	利润总额	资产合计	出口交货值
合计	**92811123.6**	**9884585.2**	**100737046.2**	**14994552.7**
一、按企业规模分				
大型	55029730.7	8387220.7	52710999.5	9310416.7
中型	17492631.3	579041.5	22136770.4	3973037.0
小型	19091981.5	879043.4	24805634.9	1682116.4
微型	1196780.1	39279.6	1083641.4	28982.6
二、按隶属关系分				
中央	21061748.9	6230117.5	23177263.1	118333.7
地方	11856938.9	329548.9	20105215.9	2850671.9
其他	59892435.8	3324918.8	57454567.2	12025547.1
三、按登记注册类型分				
内资企业	**46822122.7**	**6761601.1**	**66105904.9**	**1632470.3**
国有企业	790791.3	–2436.7	781545.7	3963.0
股份合作企业	78772.3	1725.5	73161.4	646.0
有限责任公司	16018263.0	118094.1	29852178.9	615541.6
股份有限公司	25865691.0	6469147.2	30781444.7	526180.2
私营企业	4068605.1	175071.0	4617574.2	486139.5
港澳台商投资企业	**4522405.9**	**353139.6**	**4971102.5**	**900625.6**
合资经营企业（港或澳、台资）	2586366.6	248226.7	2636717.6	535525.8
港澳台商独资经营企业	1673032.3	81475.0	1804639.9	365099.8
港澳台商投资股份有限公司	263007.0	23437.9	529745.0	0.0
外商投资企业	**41466595.0**	**2769844.5**	**29660038.8**	**12461456.8**
中外合资经营企业	21409558.8	1160457.8	12667909.9	6292376.7
中外合作经营企业	852840.1	47397.6	560173.8	7546.3
外资企业	19058037.6	1567602.6	15964437.9	6137064.1
外商投资股份有限公司和其他外商投资企业	146158.5	–5613.5	467517.2	24469.7
四、按国民经济行业分				
采矿业	**12640220.1**	**5404176.2**	**19114619.6**	**1058.1**
煤炭开采和洗选业	26617.8	7558.4	54510.2	0.0
石油和天然气开采业	9731093.5	5535076.8	12966205.5	0.0

注：①本表数据来源为快报数据。

表 3-3　规模以上工业企业基本情况（二）（2018 年）（续一）

项目	主营业务收入	利润总额	资产合计	出口交货值
黑色金属矿采选业和非金属矿采选业	274510.3	5248.7	2363427.5	1058.1
开采专业及辅助性活动	2607998.5	–143707.7	3730476.4	0.0
制造业	**77239611.7**	**4329381.2**	**74312516.9**	**14993494.6**
农副食品加工业	3705665.3	62980.7	2553718.3	42222.6
食品制造业	1548402.1	244424.8	1664197.8	35217.7
烟草制造品与酒、饮料和精制茶制造业	641778.6	45668.2	498417.2	50.0
纺织业	692210.7	–3174.2	996447.9	40114.2
纺织服装、服饰业	23901.6	–257.1	152232.4	9585.3
木材加工和木、竹、藤、棕、草制品业	28917.6	–75.9	17616.0	0.0
家具制造业	244955.2	–1088.7	386840.2	39782.9
造纸和纸制品业	343016.6	7543.2	339609.6	7078.2
印刷和记录媒介复制业	187871.8	10566.4	188152.5	210.7
文教、工美、体育和娱乐用品制造业	728148.4	8523.2	275414.3	93507.8
石油、煤炭及其他燃料加工业	9828348.2	773129.2	4862182.7	13095.5
化学原料和化学制品制造业	9760355.8	721115.9	11122524.9	548805.2
医药制造业	2498228.8	234547.4	3428426.7	371285.1
化学纤维制造与橡胶和塑料制品业	1325722.3	–10501.6	2157392.0	141127.6
非金属矿物制品业	935407.0	32152.7	1203291.4	60417.1
黑色金属冶炼和压延加工业	2924132.5	–52148.2	2322398.2	178350.3
有色金属冶炼和压延加工业	1397222.8	29289.6	1056600.1	49783.1
金属制品业	941780.8	72822.2	1300086.3	234715.5
通用设备制造业	2070146.4	116120.0	2442706.4	220925.5
专用设备制造业	2644550.9	117839.2	5974511.0	554194.3
汽车制造业	14693475.0	990454.7	10998143.3	552020.6
铁路、船舶、航空航天和其他运输设备制造业	889577.2	34629.1	1702772.6	347193.7
电气机械和器材制造业	5176356.3	366104.4	6296406.4	1912810.6
计算机、通信和其他电子设备制造业	13269290.3	484417.6	11378980.9	9451628.9
仪器仪表制造业	478453.1	19242.1	584223.0	71075.5
其他制造业	89832.6	8859.1	91900.8	17932.8
废弃资源综合利用业	92255.5	15522.1	130958.7	0.0

表 3-3 规模以上工业企业基本情况（二）（2018 年）（续二）

项目	主营业务收入	利润总额	资产合计	出口交货值
金属制品、机械和设备修理业	79608.3	675.1	186365.3	363.9
电力、热力、燃气及水生产和供应业	**2931291.8**	**151027.8**	**7309909.7**	**0.0**
电力、热力生产和供应业	2119288.2	64167.3	5176333.3	0.0
燃气生产和供应业	534650.2	57572.4	1292876.7	0.0
水的生产和供应业	277353.4	29288.1	840699.7	0.0
五、按企业控股情况分				
国有控股	42742690.0	6826401.8	55766947.7	695405.6
集体控股	254828.4	15713.8	748724.9	6612.6
私人控股	11061516.0	495551.3	13236894.5	919845.9
港澳台商控股	6847403.1	393377.2	5652299.4	3271789.1
外商控股	29741881.4	2051262.4	22472869.8	9762283.1
其他	2162804.7	102278.7	2859309.9	338616.4

表 3-4　规模以上工业企业 R&D 人员情况（一）（2018 年）

单位：人

项目	R&D 人员合计	# 女性	# 研究人员	参加项目人员	管理和服务人员	全时人员	非全时人员
合计	**33147**	**8642**	**13113**	**30521**	**2626**	**23950**	**9197**
一、按企业规模分							
大型	16662	4367	6616	15366	1296	11015	5647
中型	8243	2272	3060	7566	677	6234	2009
小型	8169	1991	3415	7517	652	6657	1512
微型	73	12	22	72	1	44	29
二、按隶属关系分							
中央	2889	907	1502	2612	277	1894	995
地方	5855	1853	2282	5422	433	3800	2055
其他	24403	5882	9329	22487	1916	18256	6147
三、按登记注册类型分							
内资企业	**23216**	**5733**	**9932**	**21183**	**2033**	**16183**	**7033**
股份合作企业	70	33	16	66	4	57	13
有限责任公司	13757	3271	5738	12458	1299	8854	4903
股份有限公司	6838	1960	3255	6267	571	5087	1751
私营企业	2551	469	923	2392	159	2185	366
港澳台商投资企业	**2306**	**640**	**749**	**2173**	**133**	**1505**	**801**
合资经营企业（港或澳、台资）	945	360	349	874	71	744	201
港澳台商独资经营企业	777	162	291	735	42	567	210
港澳台商投资股份有限公司	584	118	109	564	20	194	390
外商投资企业	**7625**	**2269**	**2432**	**7165**	**460**	**6262**	**1363**
中外合资经营企业	2733	791	924	2562	171	2035	698
中外合作经营企业	31	4	13	31	0	28	3
外资企业	4548	1371	1384	4340	208	3922	626
外商投资股份有限公司	313	103	111	232	81	277	36
四、按国民经济行业分							
采矿业	**4923**	**914**	**2057**	**4634**	**289**	**2363**	**2560**
石油和天然气开采业	1180	334	666	1121	59	857	323

表 3-4　规模以上工业企业 R&D 人员情况（一）（2018 年）（续一）

项目	R&D 人员合计	# 女性	# 研究人员	参加项目人员	管理和服务人员	全时人员	非全时人员
非金属矿采选业	608	171	256	539	69	454	154
开采专业及辅助性活动	3135	409	1135	2974	161	1052	2083
制造业	**27931**	**7680**	**10932**	**25623**	**2308**	**21365**	**6566**
农副食品加工业	341	73	118	321	20	256	85
食品制造业	586	156	136	542	44	498	88
烟草制造品与酒、饮料和精制茶制造业	130	41	34	126	4	114	16
纺织业	247	58	64	203	44	153	94
纺织服装、服饰业	34	13	8	32	2	19	15
木材加工和木、竹、藤、棕、草制品业	12	3	3	12	0	10	2
家具制造业	894	359	249	721	173	463	431
造纸和纸制品业	179	75	41	169	10	110	69
印刷和记录媒介复制业	151	35	41	130	21	129	22
文教、工美、体育和娱乐用品制造业	144	82	63	143	1	115	29
石油、煤炭及其他燃料加工业	552	248	237	493	59	186	366
化学原料和化学制品制造业	2663	625	1081	2499	164	1880	783
医药制造业	2398	1105	1109	2087	311	1857	541
化学纤维制造与橡胶和塑料制品业	887	193	324	744	143	646	241
非金属矿物制品业	337	74	128	299	38	275	62
黑色金属冶炼和压延加工业	128	11	30	123	5	109	19
有色金属冶炼和压延加工业	329	49	65	297	32	219	110
金属制品业	679	137	239	647	32	480	199
通用设备制造业	776	115	370	713	63	641	135
专用设备制造业	3386	808	1509	3150	236	2416	970
汽车制造业	2025	515	549	1897	128	1420	605
铁路、船舶、航空航天和其他运输设备制造业	757	146	294	693	64	591	166
电气机械和器材制造业	2287	680	947	1976	311	1997	290
计算机、通信和其他电子设备制造业	7040	1882	2825	6677	363	5949	1091

表 3-4　规模以上工业企业 R&D 人员情况（一）（2018 年）（续二）

项目	R&D 人员合计	# 女性	# 研究人员	参加项目人员	管理和服务人员	全时人员	非全时人员
仪器仪表制造业	763	176	370	724	39	649	114
其他制造业	59	11	17	58	1	52	7
废弃资源综合利用业	10	2	3	10	0	8	2
金属制品、机械和设备修理业	137	8	78	137	0	123	14
电力、热力、燃气及水生产和供应业	**293**	**48**	**124**	**264**	**29**	**222**	**71**
电力、热力生产和供应业	78	9	45	73	5	70	8
燃气生产和供应业	141	20	47	126	15	127	14
水的生产和供应业	74	19	32	65	9	25	49
五、按企业控股情况分							
国有控股	12800	3405	5627	11676	1124	7783	5017
集体控股	58	21	21	54	4	46	12
私人控股	9049	2120	3620	8418	631	7275	1774
港澳台商控股	4027	1273	1159	3830	197	3099	928
外商控股	4586	1180	1467	4251	335	3644	942
其他	2627	643	1219	2292	335	2103	524

表 3-5 规模以上工业企业 R&D 人员情况（二）（2018 年）

单位：人年

项目	R&D 人员折合全时当量	# 研究人员	基础研究	应用研究	试验发展
合计	**19897**	**7734**	**23**	**430**	**19444**
一、按企业规模分					
大型	8695	3331	18	280	8397
中型	5218	1924	0	85	5133
小型	5944	2467	5	65	5875
微型	39	11	0	0	39
二、按隶属关系分					
中央	1758	907	18	12	1727
地方	3912	1518	0	44	3868
其他	14227	5309	5	374	13848
三、按登记注册类型分					
内资企业	**13356**	**5711**	**23**	**255**	**13077**
股份合作企业	37	8	0	0	37
有限责任公司	7284	3052	5	241	7038
股份有限公司	4230	1966	18	7	4205
私营企业	1805	684	0	8	1797
港澳台商投资企业	**1414**	**451**	**0**	**19**	**1395**
合资经营企业（港或澳、台资）	560	218	0	11	549
港澳台商独资经营企业	425	150	0	0	425
港澳台商投资股份有限公司	429	84	0	8	421
外商投资企业	**5127**	**1572**	**0**	**156**	**4971**
中外合资经营企业	1962	613	0	51	1911
中外合作经营企业	29	12	0	0	29
外资企业	3030	912	0	105	2925
外商投资股份有限公司	106	35	0	0	106
四、按国民经济行业分					
采矿业	**2204**	**943**	**18**	**157**	**2029**
石油和天然气开采业	650	367	18	0	632

表 3-5　规模以上工业企业 R&D 人员情况（二）（2018 年）（续一）

项目	R&D 人员折合全时当量	# 研究人员	基础研究	应用研究	试验发展
非金属矿采选业	289	121	0	0	289
开采专业及辅助性活动	1265	455	0	157	1108
制造业	**17455**	**6692**	**5**	**273**	**17177**
农副食品加工业	213	71	0	0	213
食品制造业	352	90	0	102	250
烟草制造品与酒、饮料和精制茶制造业	105	27	0	0	105
纺织业	163	45	0	0	163
纺织服装、服饰业	23	5	0	0	23
木材加工和木、竹、藤、棕、草制品业	11	3	0	0	11
家具制造业	56	14	0	4	52
造纸和纸制品业	106	34	0	0	106
印刷和记录媒介复制业	111	31	0	0	111
文教、工美、体育和娱乐用品制造业	121	53	0	0	121
石油、煤炭及其他燃料加工业	355	154	0	0	355
化学原料和化学制品制造业	1873	746	0	27	1846
医药制造业	1016	441	0	35	981
化学纤维制造与橡胶和塑料制品业	582	199	0	16	566
非金属矿物制品业	256	95	0	0	256
黑色金属冶炼和压延加工业	61	17	0	0	61
有色金属冶炼和压延加工业	199	40	0	0	199
金属制品业	449	163	0	4	445
通用设备制造业	479	218	0	8	471
专用设备制造业	2169	989	0	24	2145
汽车制造业	1427	334	0	0	1427
铁路、船舶、航空航天和其他运输设备制造业	587	246	5	23	559
电气机械和器材制造业	1652	664	0	6	1646
计算机、通信和其他电子设备制造业	4473	1722	0	15	4458

表 3-5 规模以上工业企业 R&D 人员情况（二）（2018 年）（续二）

项目	R&D 人员折合全时当量	# 研究人员	基础研究	应用研究	试验发展
仪器仪表制造业	479	227	0	0	479
其他制造业	37	9	0	8	29
废弃资源综合利用业	6	2	0	0	6
金属制品、机械和设备修理业	95	54	0	0	95
电力、热力、燃气及水生产和供应业	**238**	**99**	**0**	**0**	**238**
电力、热力生产和供应业	76	44	0	0	76
燃气生产和供应业	141	47	0	0	141
水的生产和供应业	21	8	0	0	21
五、按企业控股情况分					
国有控股	7047	3116	23	242	6782
集体控股	37	14	0	0	37
私人控股	5338	2157	0	29	5309
港澳台商控股	2866	822	0	8	2858
外商控股	2968	913	0	152	2816
其他	1641	712	0	0	1641

表 3-6　规模以上工业企业 R&D 经费按活动类型分布（2018 年）

单位：万元

项目	R&D 经费内部支出	基础研究	应用研究	试验发展
合计	**1190563.5**	**213.0**	**15286.9**	**1175063.6**
一、按企业规模分				
大型	709068.2	169.9	9019.1	699879.2
中型	265933.6	0.0	4888.4	261045.2
小型	207091.8	43.1	1379.4	205669.3
微型	8469.9	0.0	0.0	8469.9
二、按隶属关系分				
中央	252856.4	169.9	260.9	252425.6
地方	204214.9	0.0	1587.2	202627.7
其他	733492.2	43.1	13438.8	720010.3
三、按登记注册类型分				
内资企业	**805716.9**	**213.0**	**9063.4**	**796440.5**
股份合作企业	1025.5	0.0	0.0	1025.5
有限责任公司	326208.7	43.1	8398.8	317766.8
股份有限公司	404826.7	169.9	369.1	404287.7
私营企业	73656.0	0.0	295.5	73360.5
港澳台商投资企业	**78654.8**	**0.0**	**417.0**	**78237.8**
合资经营企业（港或澳、台资）	44272.6	0.0	293.9	43978.7
港澳台商独资经营企业	25557.4	0.0	0.0	25557.4
港澳台商投资股份有限公司	8824.8	0.0	123.1	8701.7
外商投资企业	**306191.8**	**0.0**	**5806.5**	**300385.3**
中外合资经营企业	140216.8	0.0	3419.2	136797.6
中外合作经营企业	2476.4	0.0	0.0	2476.4
外资企业	157382.5	0.0	2387.3	154995.2
外商投资股份有限公司	6116.1	0.0	0.0	6116.1
四、按国民经济行业分				
采矿业	**287216.6**	**169.9**	**5269.2**	**281777.5**
石油和天然气开采业	210300.9	169.9	0.0	210131.0

表 3-6　规模以上工业企业 R&D 经费按活动类型分布（2018 年）（续一）

项目	R&D 经费内部支出	基础研究	应用研究	试验发展
非金属矿采选业	8191.4	0.0	0.0	8191.4
开采专业及辅助性活动	68724.3	0.0	5269.2	63455.1
制造业	**895296.3**	**43.1**	**10017.7**	**885235.5**
农副食品加工业	10267.8	0.0	0.0	10267.8
食品制造业	8806.8	0.0	2096.0	6710.8
烟草制造品与酒、饮料和精制茶制造业	2779.9	0.0	0.0	2779.9
纺织业	6049.7	0.0	0.0	6049.7
纺织服装、服饰业	193.0	0.0	0.0	193.0
木材加工和木、竹、藤、棕、草制品业	609.9	0.0	0.0	609.9
家具制造业	7858.5	0.0	999.3	6859.2
造纸和纸制品业	3076.2	0.0	0.0	3076.2
印刷和记录媒介复制业	2003.3	0.0	0.0	2003.3
文教、工美、体育和娱乐用品制造业	3015.0	0.0	0.0	3015.0
石油、煤炭及其他燃料加工业	18258.7	0.0	0.0	18258.7
化学原料和化学制品制造业	135965.0	0.0	522.2	135442.8
医药制造业	65815.0	0.0	3322.8	62492.2
化学纤维制造与橡胶和塑料制品业	25223.5	0.0	96.4	25127.1
非金属矿物制品业	9572.7	0.0	0.0	9572.7
黑色金属冶炼和压延加工业	7432.2	0.0	0.0	7432.2
有色金属冶炼和压延加工业	9228.8	0.0	0.0	9228.8
金属制品业	23824.5	0.0	256.4	23568.1
通用设备制造业	25774.1	0.0	105.7	25668.4
专用设备制造业	89118.4	0.0	872.0	88246.4
汽车制造业	47226.2	0.0	0.0	47226.2
铁路、船舶、航空航天和其他运输设备制造业	13389.8	43.1	78.8	13267.9
电气机械和器材制造业	101431.3	0.0	344.8	101086.5
计算机、通信和其他电子设备制造业	259186.2	0.0	1207.3	257978.9

表 3-6　规模以上工业企业 R&D 经费按活动类型分布（2018 年）（续二）

项目	R&D 经费内部支出	基础研究	应用研究	试验发展
仪器仪表制造业	15322.7	0.0	0.0	15322.7
其他制造业	1024.3	0.0	116.0	908.3
废弃资源综合利用业	387.4	0.0	0.0	387.4
金属制品、机械和设备修理业	2455.4	0.0	0.0	2455.4
电力、热力、燃气及水生产和供应业	**8050.6**	**0.0**	**0.0**	**8050.6**
电力、热力生产和供应业	2146.4	0.0	0.0	2146.4
燃气生产和供应业	4061.9	0.0	0.0	4061.9
水的生产和供应业	1842.3	0.0	0.0	1842.3
五、按企业控股情况分				
国有控股	554008.4	213.0	7617.3	546178.1
集体控股	1241.5	0.0	0.0	1241.5
私人控股	228110.8	0.0	1947.5	226163.3
港澳台商控股	149657.4	0.0	123.1	149534.3
外商控股	177169.2	0.0	5599.0	171570.2
其他	80376.2	0.0	0.0	80376.2

表 3-7　规模以上工业企业 R&D 经费按支出用途分布（2018 年）

单位：万元

项目	R&D 经费内部支出	日常费支出	# 人员劳务费	资产性支出	土建工程	仪器设备
合计	**1190563.5**	**1080617.8**	**362793.4**	**109945.7**	**2659.0**	**107286.7**
一、按企业规模分						
大型	709068.2	651319.2	193151.2	57749.0	2321.0	55428.0
中型	265933.6	223147.1	81250.6	42786.5	295.2	42491.3
小型	207091.8	197696.9	87278.3	9394.9	37.8	9357.1
微型	8469.9	8454.6	1113.3	15.3	5.0	10.3
二、按隶属关系分						
中央	252856.4	247906.9	52728.4	4949.5	206.5	4743.0
地方	204214.9	185650.5	54004.1	18564.4	148.6	18415.8
其他	733492.2	647060.4	256060.9	86431.8	2303.9	84127.9
三、按登记注册类型分						
内资企业	**805716.9**	**730184.4**	**229984.4**	**75532.5**	**1317.3**	**74215.2**
股份合作企业	1025.5	864.8	257.0	160.7	0.0	160.7
有限责任公司	326208.7	275831.3	103406.8	50377.4	974.7	49402.7
股份有限公司	404826.7	382715.2	102023.6	22111.5	294.5	21817.0
私营企业	73656.0	70773.1	24297.0	2882.9	48.1	2834.8
港澳台商投资企业	**78654.8**	**65478.8**	**31131.8**	**13176.0**	**1269.0**	**11907.0**
合资经营企业（港或澳、台资）	44272.6	31879.4	10460.0	12393.2	1267.4	11125.8
港澳台商独资经营企业	25557.4	25129.5	16202.3	427.9	1.6	426.3
港澳台商投资股份有限公司	8824.8	8469.9	4469.5	354.9	0.0	354.9
外商投资企业	**306191.8**	**284954.6**	**101677.2**	**21237.2**	**72.7**	**21164.5**
中外合资经营企业	140216.8	127008.9	34957.9	13207.9	20.6	13187.3
中外合作经营企业	2476.4	2476.4	413.7	0.0	0.0	0.0
外资企业	157382.5	149591.8	63324.7	7790.7	52.1	7738.6
外商投资股份有限公司	6116.1	5877.5	2980.9	238.6	0.0	238.6
四、按国民经济行业分						
采矿业	**287216.6**	**274503.6**	**51914.1**	**12713.0**	**774.2**	**11938.8**
石油和天然气开采业	210300.9	209774.2	32051.5	526.7	14.3	512.4

表 3-7　规模以上工业企业 R&D 经费按支出用途分布（2018 年）（续一）

项目	R&D 经费内部支出	日常费支出	# 人员劳务费	资产性支出	土建工程	仪器设备
非金属矿采选业	8191.4	7532.8	2764.0	658.6	33.3	625.3
开采专业及辅助性活动	68724.3	57196.6	17098.6	11527.7	726.6	10801.1
制造业	**895296.3**	**798066.9**	**306944.4**	**97229.4**	**1884.6**	**95344.8**
农副食品加工业	10267.8	8325.9	4975.0	1941.9	0.0	1941.9
食品制造业	8806.8	8633.2	3676.4	173.6	2.0	171.6
烟草制造品与酒、饮料和精制茶制造业	2779.9	2556.0	651.0	223.9	0.0	223.9
纺织业	6049.7	5597.8	1941.1	451.9	0.0	451.9
纺织服装、服饰业	193.0	193.0	142.1	0.0	0.0	0.0
木材加工和木、竹、藤、棕、草制品业	609.9	609.9	39.7	0.0	0.0	0.0
家具制造业	7858.5	3872.7	918.3	3985.8	0.0	3985.8
造纸和纸制品业	3076.2	3070.7	1421.4	5.5	1.6	3.9
印刷和记录媒介复制业	2003.3	2003.3	866.3	0.0	0.0	0.0
文教、工美、体育和娱乐用品制造业	3015.0	3015.0	2230.7	0.0	0.0	0.0
石油、煤炭及其他燃料加工业	18258.7	16866.4	7762.5	1392.3	192.2	1200.1
化学原料和化学制品制造业	135965.0	133047.0	33782.6	2918.0	94.4	2823.6
医药制造业	65815.0	46257.7	22215.0	19557.3	7.1	19550.2
化学纤维制造与橡胶和塑料制品业	25223.5	22636.4	6581.2	2587.1	15.9	2571.2
非金属矿物制品业	9572.7	9381.8	2606.6	190.9	0.0	190.9
黑色金属冶炼和压延加工业	7432.2	7417.4	929.7	14.8	14.8	0.0
有色金属冶炼和压延加工业	9228.8	8712.1	1939.9	516.7	9.5	507.2
金属制品业	23824.5	22142.6	6142.7	1681.9	1.9	1680.0
通用设备制造业	25774.1	25338.3	9765.6	435.8	0.8	435.0
专用设备制造业	89118.4	82879.3	36664.2	6239.1	159.7	6079.4
汽车制造业	47226.2	43051.8	19504.2	4174.4	58.8	4115.6
铁路、船舶、航空航天和其他运输设备制造业	13389.8	12712.4	4881.0	677.4	47.4	630.0
电气机械和器材制造业	101431.3	81139.0	26542.6	20292.3	1270.5	19021.8
计算机、通信和其他电子设备制造业	259186.2	230522.0	98022.7	28664.2	5.6	28658.6

表 3-7 规模以上工业企业 R&D 经费按支出用途分布（2018 年）（续二）

项目	R&D 经费内部支出	日常费支出	#人员劳务费	资产性支出	土建工程	仪器设备
仪器仪表制造业	15322.7	14218.1	9571.4	1104.6	2.4	1102.2
其他制造业	1024.3	1024.3	607.2	0.0	0.0	0.0
废弃资源综合利用业	387.4	387.4	230.7	0.0	0.0	0.0
金属制品、机械和设备修理业	2455.4	2455.4	2332.6	0.0	0.0	0.0
电力、热力、燃气及水生产和供应业	**8050.6**	**8047.3**	**3934.9**	**3.3**	**0.2**	**3.1**
电力、热力生产和供应业	2146.4	2146.4	1813.9	0.0	0.0	0.0
燃气生产和供应业	4061.9	4061.9	1578.1	0.0	0.0	0.0
水的生产和供应业	1842.3	1839.0	542.9	3.3	0.2	3.1
五、按企业控股情况分						
国有控股	554008.4	509280.8	135306.0	44727.6	1117.8	43609.8
集体控股	1241.5	1241.2	519.1	0.3	0.3	0.0
私人控股	228110.8	212659.4	80182.9	15451.4	210.0	15241.4
港澳台商控股	149657.4	136507.1	58556.3	13150.3	1259.4	11890.9
外商控股	177169.2	159332.5	62028.4	17836.7	69.7	17767.0
其他	80376.2	61596.8	26200.7	18779.4	1.8	18777.6

表 3-8　规模以上工业企业 R&D 经费按资金来源分布（2018 年）

单位：万元

项目	R&D 经费内部支出	政府资金	企业资金	境外资金	其他资金
合计	**1190563.5**	**46416.6**	**1116821.9**	**8933.6**	**18391.4**
一、按企业规模分					
大型	709068.2	13430.9	669446.4	8253.5	17937.4
中型	265933.6	29585.1	236005.8	323.5	19.2
小型	207091.8	3390.6	202909.8	356.6	434.8
微型	8469.9	10.0	8459.9	0.0	0.0
二、按隶属关系分					
中央	252856.4	11097.7	240628.3	0.0	1130.4
地方	204214.9	2009.2	201990.9	51.2	163.6
其他	733492.2	33309.7	674202.7	8882.4	17097.4
三、按登记注册类型分					
内资企业	**805716.9**	**45346.3**	**758462.8**	**108.5**	**1799.3**
股份合作企业	1025.5	0.0	1025.5	0.0	0.0
有限责任公司	326208.7	5605.2	320124.5	43.8	435.2
股份有限公司	404826.7	39050.2	364405.0	7.4	1364.1
私营企业	73656.0	690.9	72907.8	57.3	0.0
港澳台商投资企业	**78654.8**	**325.6**	**78298.6**	**30.6**	**0.0**
合资经营企业（港或澳、台资）	44272.6	165.0	44107.6	0.0	0.0
港澳台商独资经营企业	25557.4	160.6	25366.2	30.6	0.0
港澳台商投资股份有限公司	8824.8	0.0	8824.8	0.0	0.0
外商投资企业	**306191.8**	**744.7**	**280060.5**	**8794.5**	**16592.1**
中外合资经营企业	140216.8	619.6	136476.5	2532.5	588.2
中外合作经营企业	2476.4	0.0	2476.4	0.0	0.0
外资企业	157382.5	125.1	134991.5	6262.0	16003.9
外商投资股份有限公司	6116.1	0.0	6116.1	0.0	0.0
四、按国民经济行业分					
采矿业	**287216.6**	**9232.1**	**277032.0**	**0.0**	**952.5**
石油和天然气开采业	210300.9	8455.5	201107.8	0.0	737.6

表 3-8　规模以上工业企业 R&D 经费按资金来源分布（2018 年）（续一）

项目	R&D 经费内部支出	政府资金	企业资金	境外资金	其他资金
非金属矿采选业	8191.4	225.0	7966.4	0.0	0.0
开采专业及辅助性活动	68724.3	551.6	67957.8	0.0	214.9
制造业	**895296.3**	**37149.6**	**831774.2**	**8933.6**	**17438.9**
农副食品加工业	10267.8	33.0	10234.8	0.0	0.0
食品制造业	8806.8	0.0	8806.8	0.0	0.0
烟草制造品与酒、饮料和精制茶制造业	2779.9	0.0	2779.9	0.0	0.0
纺织业	6049.7	7.5	5956.8	85.4	0.0
纺织服装、服饰业	193.0	0.0	193.0	0.0	0.0
木材加工和木、竹、藤、棕、草制品业	609.9	0.0	609.9	0.0	0.0
家具制造业	7858.5	0.0	7858.5	0.0	0.0
造纸和纸制品业	3076.2	0.0	3076.2	0.0	0.0
印刷和记录媒介复制业	2003.3	0.0	2003.3	0.0	0.0
文教、工美、体育和娱乐用品制造业	3015.0	0.0	3015.0	0.0	0.0
石油、煤炭及其他燃料加工业	18258.7	0.0	18258.7	0.0	0.0
化学原料和化学制品制造业	135965.0	681.3	135148.6	0.0	135.1
医药制造业	65815.0	1895.5	63875.7	43.8	0.0
化学纤维制造与橡胶和塑料制品业	25223.5	0.0	25223.5	0.0	0.0
非金属矿物制品业	9572.7	100.0	9472.7	0.0	0.0
黑色金属冶炼和压延加工业	7432.2	80.0	7352.2	0.0	0.0
有色金属冶炼和压延加工业	9228.8	251.0	8977.8	0.0	0.0
金属制品业	23824.5	200.0	23624.5	0.0	0.0
通用设备制造业	25774.1	106.3	25667.8	0.0	0.0
专用设备制造业	89118.4	1261.4	87224.1	445.8	187.1
汽车制造业	47226.2	24.0	46908.5	199.2	94.5
铁路、船舶、航空航天和其他运输设备制造业	13389.8	0.0	13332.5	57.3	0.0
电气机械和器材制造业	101431.3	3840.7	96052.5	519.8	1018.3
计算机、通信和其他电子设备制造业	259186.2	28329.9	207533.9	7318.5	16003.9

表 3-8 规模以上工业企业 R&D 经费按资金来源分布（2018 年）（续二）

项目	R&D 经费内部支出	政府资金	企业资金	境外资金	其他资金
仪器仪表制造业	15322.7	274.0	14784.9	263.8	0.0
其他制造业	1024.3	65.0	959.3	0.0	0.0
废弃资源综合利用业	387.4	0.0	387.4	0.0	0.0
金属制品、机械和设备修理业	2455.4	0.0	2455.4	0.0	0.0
电力、热力、燃气及水生产和供应业	**8050.6**	**34.9**	**8015.7**	**0.0**	**0.0**
电力、热力生产和供应业	2146.4	0.0	2146.4	0.0	0.0
燃气生产和供应业	4061.9	0.0	4061.9	0.0	0.0
水的生产和供应业	1842.3	34.9	1807.4	0.0	0.0
五、按企业控股情况分					
国有控股	554008.4	42066.0	510345.0	51.2	1546.2
集体控股	1241.5	5.0	1236.5	0.0	0.0
私人控股	228110.8	3299.4	224501.0	57.3	253.1
港澳台商控股	149657.4	160.6	127995.3	5497.6	16003.9
外商控股	177169.2	198.1	173055.4	3327.5	588.2
其他	80376.2	687.5	79688.7	0.0	0.0

表 3-9 规模以上工业企业 R&D 经费外部支出情况（2018 年）

单位：万元

项目	R&D 经费外部支出	对境内研究机构支出	对境内高等学校支出	对境内企业支出	对境外支出
合计	**65300.9**	**5202.5**	**5722.3**	**41582.0**	**12794.1**
一、按企业规模分					
大型	30668.7	1125.0	4284.7	19418.8	5840.2
中型	21021.2	1494.7	583.2	14958.2	3985.1
小型	13611.0	2582.8	854.4	7205.0	2968.8
二、按隶属关系分					
中央	15737.3	508.1	3581.0	11648.2	0.0
地方	15631.0	2694.7	625.8	7632.6	4677.9
其他	33932.6	1999.7	1515.5	22301.2	8116.2
三、按登记注册类型分					
内资企业	**51746.8**	**4771.3**	**5662.3**	**40734.2**	**579.0**
股份合作企业	82.5	10.8	0.0	4.6	67.1
有限责任公司	13710.1	2137.7	1860.6	9323.5	388.3
股份有限公司	34452.6	2475.3	3801.7	28052.0	123.6
私营企业	3501.6	147.5	0.0	3354.1	0.0
港澳台商投资企业	**4349.2**	**420.7**	**40.0**	**0.0**	**3888.5**
合资经营企业（港或澳、台资）	40.0	0.0	40.0	0.0	0.0
港澳台商独资经营企业	4309.2	420.7	0.0	0.0	3888.5
外商投资企业	**9204.9**	**10.5**	**20.0**	**847.8**	**8326.6**
中外合资经营企业	7747.2	10.5	20.0	97.5	7619.2
外资企业	1056.0	0.0	0.0	750.3	305.7
外商投资股份有限公司	401.7	0.0	0.0	0.0	401.7
四、按国民经济行业分					
采矿业	**18690.5**	**470.5**	**4107.3**	**14112.7**	**0.0**
石油和天然气开采业	15241.4	261.4	3419.5	11560.5	0.0
非金属矿采选业	1095.4	94.3	10.1	991.0	0.0
开采专业及辅助性活动	2353.7	114.8	677.7	1561.2	0.0
制造业	**46610.4**	**4732.0**	**1615.0**	**27469.3**	**12794.1**
食品制造业	396.5	0.0	35.8	106.9	253.8

表 3-9　规模以上工业企业 R&D 经费外部支出情况（2018 年）（续一）

项目	R&D 经费外部支出	对境内研究机构支出	对境内高等学校支出	对境内企业支出	对境外支出
纺织业	3.5	0.0	0.0	3.5	0.0
文教、工美、体育和娱乐用品制造业	850.8	850.8	0.0	0.0	0.0
石油、煤炭及其他燃料加工业	467.9	236.2	152.4	79.3	0.0
化学原料和化学制品制造业	2318.6	483.1	144.7	135.4	1555.4
医药制造业	12089.8	2912.7	274.2	8514.6	388.3
化学纤维制造与橡胶和塑料制品业	7.5	7.5	0.0	0.0	0.0
非金属矿物制品业	85.5	0.0	20.0	65.5	0.0
黑色金属冶炼和压延加工业	5.0	0.0	5.0	0.0	0.0
有色金属冶炼和压延加工业	2.3	0.0	0.0	2.3	0.0
金属制品业	747.1	5.4	12.6	662.0	67.1
通用设备制造业	383.4	140.0	21.6	221.8	0.0
专用设备制造业	6572.7	0.0	474.1	3363.8	2734.8
汽车制造业	3406.9	20.8	0.0	4.6	3381.5
铁路、船舶、航空航天和其他运输设备制造业	330.0	0.0	330.0	0.0	0.0
电气机械和器材制造业	942.5	60.6	8.0	750.3	123.6
计算机、通信和其他电子设备制造业	17911.5	14.9	50.0	13557.0	4289.6
仪器仪表制造业	20.3	0.0	18.0	2.3	0.0
其他制造业	68.6	0.0	68.6	0.0	0.0
五、按企业控股情况分					
国有控股	42478.3	2584.1	5364.3	34018.0	511.9
集体控股	99.6	0.0	0.0	99.6	0.0
私人控股	9069.3	2176.4	350.0	6542.9	0.0
港澳台商控股	4309.2	420.7	0.0	0.0	3888.5
外商控股	9212.6	10.5	0.0	875.5	8326.6
其他	131.9	10.8	8.0	46.0	67.1

表 3–10　规模以上工业企业办科技机构情况（2018 年）

项目	机构数（个）	机构人员合计（人）	#博士毕业	#硕士毕业	机构经费支出（万元）	仪器和设备原价（万元）	#进口
合计	**160**	**14993**	**335**	**2811**	**489696**	**676857**	**382728**
一、按企业规模分							
大型	29	9078	219	1968	307465	465871	355518
中型	48	3272	67	514	119015	112021	21560
小型	83	2643	49	329	63217	98965	5649
二、按隶属关系分							
中央	12	3068	96	1153	122502	46676	10788
地方	43	2689	26	307	72303	421691	348966
其他	105	9236	213	1351	294892	208491	22974
三、按登记注册类型分							
内资企业	**118**	**10438**	**290**	**2406**	**311228**	**261084**	**39729**
有限责任公司	71	5175	157	1015	95846	151202	27212
股份有限公司	27	4441	115	1323	188161	96927	12338
私营企业和股份合作企业	20	822	18	68	27222	12956	179
港澳台商投资企业	**8**	**452**	**20**	**51**	**16628**	**15666**	**125**
合资经营企业（港或澳、台资）	4	157	12	31	6349	4057	125
港澳台商独资经营企业	2	72	3	14	2487	1268	0
港澳台商投资股份有限公司	2	223	5	6	7793	10341	0
外商投资企业	**34**	**4103**	**25**	**354**	**161840**	**400107**	**342874**
中外合资经营企业	23	1474	15	119	67314	377574	342314
外资企业	9	2523	0	221	91008	21363	197
外商投资股份有限公司	2	106	10	14	3518	1170	364
四、按国民经济行业分							
采矿业	**7**	**2324**	**71**	**972**	**107554**	**39563**	**1970**
石油和天然气开采业	4	1706	56	871	97784	27075	1933
非金属矿采选业和开采专业及辅助性活动	3	618	15	101	9770	12488	37

表 3-10　规模以上工业企业办科技机构情况（2018 年）（续一）

项目	机构数（个）	机构人员合计（人）	#博士毕业	#硕士毕业	机构经费支出（万元）	仪器和设备原价（万元）	#进口
制造业	**153**	**12669**	**264**	**1839**	**382143**	**637294**	**380758**
农副食品加工业	4	145	3	14	2592	8973	800
食品制造业及造纸和纸制品业	5	115	2	11	2181	1141	0
纺织业和纺织服装、服饰业	2	42	0	0	230	2002	1147
文教、工美、体育和娱乐用品制造业	3	126	1	20	904	657	0
石油、煤炭及其他燃料加工业	4	709	2	91	5379	8094	2410
化学原料和化学制品制造业	24	1104	42	210	54561	50262	464
医药制造业	15	1576	73	417	21229	36443	7586
化学纤维制造与橡胶和塑料制品业	8	268	2	7	4479	3164	329
黑色金属冶炼和压延加工业及有色金属冶炼和压延加工业	7	205	7	22	7662	8644	188
金属制品业	4	182	5	15	6861	3504	0
通用设备制造业	8	238	1	12	2927	18495	108
专用设备制造业	17	1258	23	175	34689	51027	5658
汽车制造业	10	675	7	9	17294	13649	508
铁路、船舶、航空航天和其他运输设备制造业	7	486	6	31	9023	6711	0
电气机械和器材制造业	11	1008	39	207	41628	19641	5718
计算机、通信和其他电子设备制造业	17	4245	50	567	163914	392389	355783
仪器仪表制造业	7	287	1	31	6591	12500	60
五、按企业控股情况分							
国有控股	57	5897	146	1650	217536	190838	29219
集体控股	2	33	0	0	1224	107	0
私人控股	57	3374	107	529	96908	66512	7659
港澳台商控股	7	2549	8	221	93659	13095	125
外商控股	24	1585	15	98	60107	380094	341992
其他	13	1555	59	313	20262	26211	3733

表 3-11 规模以上工业企业自主知识产权及相关情况（2018 年）

项目	专利申请数（件）	# 发明专利	有效发明专利数（件）	# 境外授权	发表科技论文数（篇）	拥有注册商标数（件）	# 境外注册	形成国家或行业标准数（项）
合计	**4683**	**1660**	**7687**	**531**	**1074**	**3470**	**370**	**126**
一、按企业规模分								
大型	1361	596	1954	340	751	339	72	36
中型	974	420	2177	155	167	1085	122	47
小型	2270	631	3430	36	156	2031	176	43
微型	78	13	126	0	0	15	0	0
二、按隶属关系分								
中央	617	259	642	8	617	66	0	8
地方	649	184	1001	1	203	598	67	23
其他	3417	1217	6044	522	254	2806	303	95
三、按登记注册类型分								
内资企业	**3685**	**1281**	**5187**	**32**	**1035**	**2639**	**296**	**97**
股份合作企业	33	2	36	0	0	2	0	1
有限责任公司	1797	594	2320	12	420	981	13	66
股份有限公司	1005	464	1388	9	599	845	129	26
私营企业	850	221	1443	11	16	811	154	4
港澳台商投资企业	**342**	**111**	**546**	**0**	**13**	**318**	**23**	**10**
合资经营企业（港或澳、台资）	118	41	320	0	8	126	18	1
港澳台商独资经营企业	169	59	195	0	2	30	0	8
港澳台商投资股份有限公司	55	11	31	0	3	162	5	1
外商投资企业	**656**	**268**	**1954**	**499**	**26**	**513**	**51**	**19**
中外合资经营企业	235	96	645	143	23	286	42	17
中外合作经营企业	6	0	2	0	0	1	0	0
外资企业	360	128	989	331	3	208	8	2
外商投资股份有限公司	55	44	318	25	0	18	1	0
四、按国民经济行业分								
采矿业	**635**	**266**	**424**	**2**	**496**	**71**	**3**	**5**
石油和天然气开采业	278	129	196	1	377	0	0	1

表 3-11　规模以上工业企业自主知识产权及相关情况（2018 年）（续一）

项目	专利申请数（件）	#发明专利	有效发明专利数（件）	#境外授权	发表科技论文数（篇）	拥有注册商标数（件）	#境外注册	形成国家或行业标准数（项）
非金属矿采选业	40	18	28	0	52	64	3	0
开采专业及辅助性活动	317	119	200	1	67	7	0	4
制造业	**3978**	**1379**	**7218**	**529**	**530**	**3399**	**367**	**121**
农副食品加工业	42	14	54	0	3	123	13	2
食品制造业	95	23	107	0	6	215	1	1
烟草制造品与酒、饮料和精制茶制造业	12	7	51	0	0	3	0	0
纺织业	14	2	44	0	9	5	0	1
纺织服装、服饰业	26	1	68	0	0	21	0	0
木材加工和木、竹、藤、棕、草制品业	8	8	24	0	0	1	0	0
家具制造业	0	0	78	0	0	17	0	0
造纸和纸制品业	39	3	38	0	0	30	0	8
印刷和记录媒介复制业	40	2	27	0	0	1	0	0
文教、工美、体育和娱乐用品制造业	41	12	9	0	0	84	9	0
石油加工、炼焦和核燃料加工业	61	38	166	0	139	53	0	0
化学原料和化学制品制造业	401	169	725	2	69	567	69	9
医药制造业	212	79	369	17	39	426	17	5
化学纤维制造与橡胶和塑料制品业	183	33	217	0	0	39	12	7
非金属矿物制品业	82	6	129	0	3	28	0	5
黑色金属冶炼和压延加工业	9	3	10	0	26	73	3	1
有色金属冶炼和压延加工业	39	11	65	0	2	19	0	4
金属制品业	161	42	136	0	9	57	8	2
通用设备制造业	238	55	257	2	9	512	121	1
专用设备制造业	677	257	1026	26	126	320	57	17
汽车制造业	258	59	413	0	4	98	0	1
铁路、船舶、航空航天和其他运输设备制造业	117	45	133	0	9	101	4	2
电气机械和器材制造业	489	169	1157	136	38	69	5	15
计算机、通信和其他电子设备制造业	569	305	1517	339	23	432	46	25

表 3-11　规模以上工业企业自主知识产权及相关情况（2018 年）（续二）

项目	专利申请数（件）	# 发明专利	有效发明专利数（件）	# 境外授权	发表科技论文数（篇）	拥有注册商标数（件）	# 境外注册	形成国家或行业标准数（项）
仪器仪表制造业	118	29	352	7	16	96	2	15
其他制造业	36	7	46	0	0	4	0	0
废弃资源综合利用业	0	0	0	0	0	5	0	0
金属制品、机械和设备修理业	11	0	0	0	0	0	0	0
电力、热力、燃气及水生产和供应业	**70**	**15**	**45**	**0**	**48**	**0**	**0**	**0**
电力、热力生产和供应业	35	7	10	0	31	0	0	0
燃气生产和供应业	5	0	4	0	0	0	0	0
水的生产和供应业	30	8	31	0	17	0	0	0
五、按企业控股情况分								
国有控股	1735	680	2333	14	929	923	98	54
集体控股	23	9	97	0	0	68	0	3
私人控股	1806	573	2652	24	84	1755	241	40
港澳台商控股	360	166	1047	331	13	236	16	9
外商控股	448	129	1071	160	10	254	9	10
其他	311	103	487	2	38	234	6	10

表 3–12　规模以上工业企业新产品开发、生产及销售情况（2018 年）

项目	新产品开发项目数（项）	新产品开发经费支出（万元）	新产品产值（万元）	新产品销售收入（万元）	# 出口
合计	**4094**	**910223**	**22840272**	**22695404**	**6163265**
一、按企业规模分					
大型	1156	448498	17012634	16631556	5205640
中型	937	236970	3709195	3852383	660517
小型	1970	214462	2061889	2193244	288073
微型	31	10293	56554	18221	9036
二、按隶属关系分					
中央	302	56021	2425457	2183301	94557
地方	705	159425	4872860	4856300	2384309
其他	3087	694777	15541956	15655804	3684399
三、按登记注册类型分					
内资企业	**3071**	**541622**	**9777277**	**9534903**	**837721**
股份合作企业	12	961	23800	22213	0
有限责任公司	1709	303991	3487614	3340963	324111
股份有限公司	792	162479	5279846	5161678	360130
私营企业	558	74192	986016	1010049	153479
港澳台商投资企业	**273**	**74074**	**1005952**	**1080308**	**209144**
合资经营企业（港或澳、台资）	109	46467	385672	377746	130807
港澳台商独资经营企业	133	22371	443616	516040	78337
港澳台商投资股份有限公司	31	5237	176664	186522	0
外商投资企业	**750**	**294527**	**12057043**	**12080194**	**5116401**
中外合资经营企业	298	131588	10696269	10657063	4096585
中外合作经营企业	11	2476	0	0	0
外资企业	407	154346	1317428	1346053	1004780
外商投资股份有限公司	34	6116	43346	77078	15036
四、按国民经济行业分					
采矿业	**492**	**83057**	**578747**	**568466**	**130**
石油和天然气开采业	114	14105	0	0	0

表 3–12　规模以上工业企业新产品开发、生产及销售情况（2018 年）（续一）

项目	新产品开发项目数（项）	新产品开发经费支出（万元）	新产品产值（万元）	新产品销售收入（万元）	
					# 出口
非金属矿采选业	59	7896	124747	114466	130
开采专业及辅助性活动	319	61056	454000	454000	0
制造业	**3592**	**825788**	**22142423**	**22007836**	**6163136**
农副食品加工业	80	8609	77107	118980	22353
食品制造业	94	6781	114329	111193	6754
烟草制造品与酒、饮料和精制茶制造业	21	2600	37269	32968	50
纺织业	61	6201	22986	23336	1594
纺织服装、服饰业	9	429	4881	2643	0
木材加工和木、竹、藤、棕、草制品业	2	610	15	10	0
家具制造业	33	4203	25819	26476	5038
造纸和纸制品业	24	3229	42922	42913	913
印刷和记录媒介复制业	6	869	22266	21735	627
文教、工美、体育和娱乐用品制造业	9	3116	34362	34365	14369
石油、煤炭及其他燃料加工业	67	18956	2051037	1798295	6363
化学原料和化学制品制造业	376	86982	2224182	2248423	137937
医药制造业	321	62204	390562	387097	136349
化学纤维制造与橡胶和塑料制品业	128	24788	334049	361994	8155
非金属矿物制品业	88	10963	52134	123855	2
黑色金属冶炼和压延加工业	16	8258	6786	39166	0
有色金属冶炼和压延加工业	29	5866	216840	207834	11007
金属制品业	95	14608	356397	378550	21841
通用设备制造业	202	29030	396377	318172	5136
专用设备制造业	604	89944	714477	825332	180347
汽车制造业	219	44249	5866195	5914967	39405
铁路、船舶、航空航天和其他运输设备制造业	81	14447	321805	261604	82452
电气机械和器材制造业	357	100891	1418838	1433589	456795
计算机、通信和其他电子设备制造业	432	255436	7351672	7226183	5022918
仪器仪表制造业	195	18550	56154	65544	2730

表 3–12　规模以上工业企业新产品开发、生产及销售情况（2018 年）（续二）

项目	新产品开发项目数（项）	新产品开发经费支出（万元）	新产品产值（万元）	新产品销售收入（万元）	# 出口
其他制造业	23	1105	2962	2612	0
废弃资源综合利用业	9	409	0	0	0
金属制品、机械和设备修理业	11	2455	0	0	0
电力、热力、燃气及水生产和供应业	**10**	**1378**	**119102**	**119102**	**0**
电力、热力生产和供应业	5	269	0	0	0
燃气生产和供应业	0	0	119102	119102	
水的生产和供应业	5	1109	0	0	0
五、按企业控股情况分					
国有控股	1482	297554	11302222	11272198	411779
集体控股	25	2061	6159	6136	68
私人控股	1435	223174	2932774	2931485	351789
港澳台商控股	321	144619	1834552	1900070	1151973
外商控股	560	168617	5786490	5726008	4141047
其他	271	74199	978074	859507	106611

表 3-13　规模以上工业企业政府相关政策落实情况（2018 年）

单位：万元

项目	使用来自政府部门的科技活动资金	研究开发费用加计扣除减免税	高新技术企业减免税
合计	**42763.6**	**46682.8**	**65904.2**
一、按企业规模分			
大型	10283.5	19354.1	21639.2
中型	29041.9	16134.1	30656.8
小型	3343.2	10381.2	13441.9
微型	95.0	813.4	166.3
二、按隶属关系分			
中央	8648.4	9173.3	1567.2
地方	1875.1	4341.9	6313.2
其他	32240.1	33167.6	58023.8
三、按登记注册类型分			
内资企业	**41684.4**	**36361.2**	**30610.0**
股份合作企业	0.0	36.4	116.6
有限责任公司	4282.9	11967.6	11557.8
股份有限公司	36615.6	20422.2	12718.4
私营企业	785.9	3935.0	6217.2
港澳台商投资企业	**335.6**	**3962.6**	**9604.2**
合资经营企业（港或澳、台资）	165.0	1251.5	3452.8
港澳台商独资经营企业	160.6	1812.6	5511.9
港澳台商投资股份有限公司	10.0	898.5	639.5
外商投资企业	**743.6**	**6359.0**	**25690.0**
中外合资经营企业	619.6	2583.3	6608.7
外资企业	124.0	2553.9	18531.4
外商投资股份有限公司	0.0	1221.8	549.9
四、按国民经济行业分			
采矿业	**9232.1**	**7467.5**	**744.5**
石油和天然气开采业	8455.5	6636.5	0.0
非金属矿采选业	225.0	204.0	0.0

表 3-13　规模以上工业企业政府相关政策落实情况（2018 年）（续一）

项目	使用来自政府部门的科技活动资金	研究开发费用加计扣除减免税	高新技术企业减免税
开采专业及辅助性活动	551.6	627.0	744.5
制造业	**33490.5**	**38329.2**	**62904.9**
农副食品加工业	33.0	519.6	2515.5
食品制造业	10.0	344.9	174.2
烟草制造品与酒、饮料和精制茶制造业	0.0	150.0	591.2
纺织业	7.5	9.8	0.0
纺织服装、服饰业	0.0	147.3	1.5
木材加工和木、竹、藤、棕、草制品业	0.0	0.0	4.9
造纸和纸制品业	0.0	110.4	251.9
印刷和记录媒介复制业	0.0	74.3	56.2
石油、煤炭及其他燃料加工业	0.0	1031.1	0.0
化学原料和化学制品制造业	694.3	4066.4	12270.6
医药制造业	1895.5	1522.9	3294.4
化学纤维制造与橡胶和塑料制品业	0.0	945.6	2106.8
非金属矿物制品业	125.0	1214.6	2250.0
黑色金属冶炼和压延加工业	30.0	152.3	0.0
有色金属冶炼和压延加工业	251.0	590.2	1039.4
金属制品业	200.0	184.6	3108.5
通用设备制造业	10.0	1097.3	841.0
专用设备制造业	1263.1	3845.9	4201.4
汽车制造业	24.0	2043.6	4189.8
铁路、船舶、航空航天和其他运输设备制造业	0.0	737.4	510.5
电气机械和器材制造业	644.4	2641.4	10551.3
计算机、通信和其他电子设备制造业	27939.7	16041.6	13876.7
仪器仪表制造业	298.0	805.9	830.0
其他制造业	65.0	52.1	239.1
电力、热力、燃气及水生产和供应业	**41.0**	**886.1**	**2254.8**
电力、热力生产和供应业	0.0	39.4	0.0

表 3-13　规模以上工业企业政府相关政策落实情况（2018 年）（续二）

项目	使用来自政府部门的科技活动资金	研究开发费用加计扣除减免税	高新技术企业减免税
燃气生产和供应业	0.0	743.1	1067.0
水的生产和供应业	41.0	103.6	1187.8
五、按企业控股情况分			
国有控股	38763.6	22347.8	12363.5
私人控股	2926.9	14229.6	20060.2
港澳台商控股	170.6	3464.6	12320.2
外商控股	197.0	5130.4	19187.4
其他	705.5	1510.4	1972.9

表 3-14 规模以上工业企业技术获取和技术改造情况（2018 年）

单位：万元

项目	引进技术经费支出	消化吸收经费支出	购买国内技术经费支出	技术改造经费支出
合计	**35385.0**	**1116.7**	**404.1**	**289380.5**
一、按企业规模分				
大型	30140.7	1116.7	319.6	268646.8
中型	4928.0	0.0	84.5	17720.5
小型	316.3	0.0	0.0	2825.6
微型	0.0	0.0	0.0	187.6
二、按隶属关系分				
中央	0.0	0.0	0.0	248706.0
地方	4289.6	0.0	319.6	26498.7
其他	31095.4	1116.7	84.5	14175.8
三、按登记注册类型分				
内资企业	**129.8**	**0.0**	**356.7**	**277977.2**
股份合作企业	0.0	0.0	0.0	190.0
有限责任公司	0.0	0.0	356.7	14789.4
股份有限公司	0.0	0.0	0.0	262679.8
私营企业	129.8	0.0	0.0	318.0
港澳台商投资企业	**316.3**	**0.0**	**0.0**	**0.0**
港澳台商独资经营企业	316.3	0.0	0.0	0.0
外商投资企业	**34938.9**	**1116.7**	**47.4**	**11403.3**
中外合资经营企业	34938.9	1116.7	47.4	11342.3
外资企业	0.0	0.0	0.0	61.0
四、按国民经济行业分				
采矿业	**0.0**	**0.0**	**319.6**	**893.7**
非金属矿采选业	0.0	0.0	319.6	893.7
制造业	**35385.0**	**1116.7**	**84.5**	**284712.5**
农副食品加工业	0.0	0.0	0.0	1812.2
石油、煤炭及其他燃料加工业	0.0	0.0	0.0	240647.0
化学原料和化学制品制造业	0.0	0.0	0.0	22647.6

表 3-14　规模以上工业企业技术获取和技术改造情况（2018 年）（续一）

项目	引进技术经费支出	消化吸收经费支出	购买国内技术经费支出	技术改造经费支出
医药制造业	0.0	0.0	0.0	7189.3
化学纤维制造与橡胶和塑料制品业	316.3	0.0	0.0	125.3
金属制品业	129.8	0.0	0.0	302.6
通用设备制造业	0.0	0.0	0.0	15.4
专用设备制造业	15.0	0.0	47.4	11.0
汽车制造业	4783.2	0.0	0.0	190.4
电气机械和器材制造业	0.0	1116.7	0.0	11342.3
计算机、通信和其他电子设备制造业	30140.7	0.0	37.1	80.0
仪器仪表制造业	0.0	0.0	0.0	349.4
电力、热力、燃气及水生产和供应业	**0.0**	**0.0**	**0.0**	**3774.3**
电力、热力生产和供应业	0.0	0.0	0.0	3774.3
五、按企业控股情况分				
国有控股	0.0	0.0	356.7	276884.9
私人控股	144.8	0.0	47.4	822.3
港澳台商控股	316.3	0.0	0.0	0.0
外商控股	34924.9	1116.7	0.0	11403.3
其他	0.0	0.0	0.0	270.0

第四部分

建筑业企业

表 4-1　建筑业企业[①]基本情况（一）（2018 年）

项目	企业数（个）	#有研发机构	从业人员期末人数（人）
合计	**105**	**15**	**73819**
一、按企业规模分			
大型	27	12	56639
中型	40	3	14865
小型	34	0	2205
微型	4	0	110
二、按隶属关系分			
中央	32	11	57087
地方	5	2	2865
其他	68	2	13867
三、按登记注册类型分			
内资企业和外商投资企业	105	15	73819
四、按国民经济行业分			
房屋建筑业	21	4	20256
土木工程建筑业	34	10	45700
建筑安装业	32	1	6621
建筑装饰、装修和其他建筑业	18	0	1242
五、按企业控股情况分			
国有控股和集体控股	35	12	59264
私人控股和外商控股	65	3	13030
其他	5	0	1525

注：①本部分统计口径为纳入科技统计的特、一级总承包，一级专业承包建筑业企业法人单位。

表 4-2　建筑业企业基本情况（二）（2018 年）

单位：万元

项目	主营业务收入	利润总额	资产合计
合计	**17727811.7**	**505506.1**	**34225753.7**
一、按企业规模分			
大型	16451835.8	481588.8	32207329.6
中型	1150343.9	22129.9	1791428.1
小型	125542.3	1851.1	196468.1
微型	89.7	-63.7	30527.9
二、按隶属关系分			
中央	15227288.8	460525.2	30921635.5
地方	635199.3	13405.0	1495836.0
其他	1865323.6	31575.9	1808282.2
三、按登记注册类型分			
内资企业	17708033.4	503563.5	34197359.3
外商投资企业	19778.3	1942.6	28394.4
四、按国民经济行业分			
房屋建筑业	5015206.6	14347.7	9382646.2
土木工程建筑业	12048287.6	493159.9	23852695.4
建筑安装业	524422.3	-3219.5	834675.9
建筑装饰、装修和其他建筑业	139895.2	1218.0	155736.2
五、按企业控股情况分			
国有控股和集体控股	15777861.1	481289.8	31974281.2
私人控股	1132253.3	15852.5	1718285.0
外商控股	19778.3	1942.6	28394.4
其他	797919.0	6421.2	504793.1

表 4-3　建筑业企业 R&D 人员情况（一）（2018 年）

单位：人

项目	R&D 人员合计	# 女性	# 研究人员	参加项目人员	管理和服务人员	全时人员	非全时人员
合计	**10415**	**1574**	**4656**	**9848**	**567**	**5298**	**5117**
一、按企业规模分							
大型	9833	1480	4382	9296	537	4800	5033
中型	521	89	239	492	29	443	78
小型	61	5	35	60	1	55	6
二、按隶属关系分							
中央	9446	1433	4232	8988	458	4516	4930
地方	323	35	162	237	86	271	52
其他	646	106	262	623	23	511	135
三、按登记注册类型分							
内资企业	10370	1559	4644	9805	565	5257	5113
外商投资企业	45	15	12	43	2	41	4
四、按国民经济行业分							
房屋建筑业	2646	800	1182	2416	230	1871	775
土木工程建筑业	7178	687	3195	6872	306	2947	4231
建筑安装业	538	79	259	512	26	442	96
建筑装饰、装修和其他建筑业	53	8	20	48	5	38	15
五、按企业控股情况分							
国有控股和集体控股	10010	1491	4444	9459	551	4940	5070
私人控股	353	68	197	340	13	313	40
外商控股	45	15	12	43	2	41	4
其他	7	0	3	6	1	4	3

表 4-4 建筑业企业 R&D 人员情况（二）（2018 年）

单位：人年

项目	R&D 人员折合全时当量	# 研究人员	基础研究	应用研究	试验发展
合计	**6136**	**2637**	**9**	**197**	**5931**
一、按企业规模分					
大型	5767	2475	9	197	5562
中型	330	139	0	0	330
小型	39	22	0	0	39
二、按隶属关系分					
中央	5528	2388	9	197	5323
地方	207	104	0	0	207
其他	401	145	0	0	401
三、按登记注册类型分					
内资企业	6106	2628	9	197	5900
外商投资企业	31	8	0	0	31
四、按国民经济行业分					
房屋建筑业	1766	783	0	31	1736
土木工程建筑业	3987	1684	9	141	3837
建筑安装业	330	150	0	25	304
建筑装饰、装修和其他建筑业	53	20	0	0	53
五、按企业控股情况分					
国有控股和集体控股	5935	2536	9	197	5729
私人控股	164	90	0	0	164
外商控股	31	8	0	0	31
其他	6	3	0	0	6

表 4-5　建筑业企业 R&D 经费按活动类型分布（2018 年）

单位：万元

项目	R&D 经费内部支出			
		基础研究	应用研究	试验发展
合计	**439552**	**2095**	**16616**	**420841**
一、按企业规模分				
大型	430700	2095	16616	411989
中型	8237	0	0	8237
小型	615	0	0	615
二、按隶属关系分				
中央	414587	2095	16616	395876
地方	8433	0	0	8433
其他	16531	0	0	16531
三、按登记注册类型分				
内资企业	438823	2095	16616	420112
外商投资企业	728	0	0	728
四、按国民经济行业分				
房屋建筑业	55960	0	3319	52641
土木工程建筑业	375543	2095	13187	360261
建筑安装业	7142	0	110	7032
建筑装饰、装修和其他建筑业	907	0	0	907
五、按企业控股情况分				
国有控股和集体控股	433671	2095	16616	414960
私人控股	4874	0	0	4874
外商控股	728	0	0	728
其他	279	0	0	279

表 4-6　建筑业企业 R&D 经费按支出用途分布（2018 年）

单位：万元

项目	R&D 经费内部支出	日常费支出	# 人员劳务费	资产性支出	土建工程	仪器设备
合计	**439552**	**435542**	**102149**	**4010**	**38**	**3972**
一、按企业规模分						
大型	430700	426694	97954	4006	38	3968
中型	8237	8237	3766	0	0	0
小型	615	611	429	4	0	4
二、按隶属关系分						
中央	414587	410755	94142	3832	35	3797
地方	8433	8412	3733	21	3	19
其他	16531	16375	4274	156	0	156
三、按登记注册类型分						
内资企业	438823	434814	101816	4010	38	3972
外商投资企业	728	728	333	0	0	0
四、按国民经济行业分						
房屋建筑业	55960	54174	22801	1785	28	1757
土木工程建筑业	375543	373319	75279	2224	10	2214
建筑安装业	7142	7142	3545	0	0	0
建筑装饰、装修和其他建筑业	907	907	525	0	0	0
五、按企业控股情况分						
国有控股和集体控股	433671	429686	99535	3984	35	3949
私人控股	4874	4849	2206	25	3	23
外商控股	728	728	333	0	0	0
其他	279	279	76	0	0	0

表 4-7　建筑业企业 R&D 经费按资金来源分布（2018 年）

单位：万元

项目	R&D 经费内部支出	政府资金	企业资金	境外资金	其他资金
合计	**439552**	**5504**	**431854**	**100**	**2094**
一、按企业规模分					
大型	430700	5485	423021	100	2094
中型	8237	0	8237	0	0
小型	615	19	596	0	0
二、按隶属关系分					
中央	414587	5485	406908	100	2094
地方	8433	0	8433	0	0
其他	16531	19	16512	0	0
三、按登记注册类型分					
内资企业	438823	5504	431126	100	2094
外商投资企业	728	0	728	0	0
四、按国民经济行业分					
房屋建筑业	55960	0	55960	0	0
土木工程建筑业	375543	5485	367864	100	2094
建筑安装业	7142	19	7123	0	0
建筑装饰、装修和其他建筑业	907	0	907	0	0
五、按企业控股情况分					
国有控股和集体控股	433671	5485	425992	100	2094
私人控股	4874	19	4855	0	0
外商控股	728	0	728	0	0
其他	279	0	279	0	0

表 4-8 建筑业企业 R&D 经费外部支出情况（2018 年）

单位：万元

项目	R&D 经费外部支出	对境内研究机构支出	对境内高等学校支出	对境内企业支出	对境外支出
合计	**11925.9**	**75.6**	**2020.2**	**9830.1**	**0.0**
一、按企业规模分					
大型	11924.1	75.6	2020.2	9828.3	0.0
小型	1.8	0.0	0.0	1.8	0.0
二、按隶属关系分					
中央	11873.7	55.4	1990.0	9828.3	0.0
地方	50.4	20.2	30.2	0.0	0
其他	1.8	0.0	0.0	1.8	0.0
三、按登记注册类型分					
内资企业	11925.9	75.6	2020.2	9830.1	0.0
四、按国民经济行业分					
房屋建筑业	76.4	6.1	70.3	0.0	0.0
土木工程建筑业	11802.0	69.5	1903.6	9828.9	0.0
建筑安装业	47.5	0.0	46.3	1.2	0.0
五、按企业控股情况分					
国有控股和集体控股	11908.5	75.6	2004.6	9828.3	0.0
私人控股	17.4	0.0	15.6	1.8	0.0

表 4-9　建筑业企业办科技机构情况（2018 年）

项目	机构数（个）	机构人员合计（人）	#博士毕业	#硕士毕业	机构经费支出（万元）	仪器和设备原价（万元）	#进口
合计	**27**	**4484**	**60**	**763**	**140618**	**114915**	**980**
一、按企业规模分							
大型	24	4221	60	753	138599	113574	980
中型	3	263	0	10	2019	1341	0
二、按隶属关系分							
中央	17	3986	51	724	131406	109924	980
地方	8	243	9	30	7195	4530	0
其他	2	255	0	9	2016	461	0
三、按登记注册类型分							
内资企业	27	4484	60	763	140618	114915	980
四、按国民经济行业分							
房屋建筑业	6	827	6	64	8903	3756	0
土木工程建筑业和建筑安装业	21	3657	54	699	131715	111159	980
五、按企业控股情况分							
国有控股和集体控股	22	4210	60	751	138592	114424	980
私人控股	5	274	0	12	2026	491	0

表 4-10　建筑业企业自主知识产权及相关情况（2018 年）

单位：件

项目	专利申请数	#发明专利	有效发明专利数
合计	**1426**	**432**	**1230**
一、按企业规模分			
大型	1301	379	1037
中型	123	51	145
小型	2	2	48
二、按隶属关系分			
中央	1373	420	1088
地方	11	3	22
其他	42	9	120
三、按登记注册类型分			
内资企业	1420	432	1226
外商投资企业	6	0	4
四、按国民经济行业分			
房屋建筑业	371	74	370
土木工程建筑业	952	317	697
建筑安装业	97	38	140
建筑装饰、装修和其他建筑业	6	3	23
五、按企业控股情况分			
国有控股和集体控股	1386	417	1157
私人控股	23	10	58
外商控股	6	0	4
其他	11	5	11

表 4-11　建筑业企业政府相关政策落实情况（2018 年）

单位：万元

项目	使用来自政府部门的科技活动资金	研究开发费用加计扣除减免税	高新技术企业减免税
合计	**5504**	**6463**	**23547**
一、按企业规模分			
大型	5485	6198	23330
中型	0	127	99
小型	19	138	118
二、按隶属关系分			
中央	5485	6073	22030
地方	0	109	987
其他	19	282	530
三、按登记注册类型分			
内资企业	5504	6463	23547
四、按国民经济行业分			
房屋建筑业	0	1089	18
土木工程建筑业	5485	5247	23352
建筑安装业	19	127	177
五、按企业控股情况分			
国有控股和集体控股	5485	6198	23330
私人控股	19	190	217
其他	0	75	0

天津滨海新区科技统计年鉴2019　第五部分

重点服务业企业

表 5-1　重点服务业企业基本情况（一）（2018 年）

项目	企业数（个）	#有 R&D 活动	#有研发机构	从业人员期末人数（人）
合计	**270**	**85**	**12**	**147287**
一、按企业规模分				
大型	65	30	7	90318
中型	205	55	5	56969
二、按隶属关系分				
中央	30	18	3	23352
地方	37	13	2	21718
其他	203	54	7	102217
三、按登记注册类型分				
内资企业	219	71	11	124629
港澳台商投资企业	18	6	1	11967
外商投资企业	33	8	0	10691
四、按国民经济行业分				
交通运输、仓储和邮政业	61	11	1	42754
信息传输、软件和信息技术服务业	73	37	4	39839
租赁和商务服务业	26	2	0	19472
科学研究和技术服务业	78	30	7	35897
水利、环境和公共设施管理业	12	3	0	4115
文化、体育和娱乐业与卫生和社会工作	20	2	0	5210
五、按企业控股情况分				
国有控股	80	34	4	57892
集体控股	6	2	0	1832
私人控股	97	20	4	44657
港澳台商控股	18	6	1	11686
外商控股	21	6	0	6599
其他	48	17	3	24621

表 5-2 重点服务业企业基本情况（二）（2018 年）

单位：万元

项目	主营业务收入	利润总额	资产合计
合计	**12609823**	**893514**	**53796137**
一、按企业规模分			
大型	8475389	481038	43301498
中型	4134434	412477	10494640
二、按隶属关系分			
中央	3199934	97107	8898976
地方	1263796	−10238	20208443
其他	8146093	806645	24688718
三、按登记注册类型分			
内资企业	10142507	294722	47599009
港澳台商投资企业	1491904	453194	4611132
外商投资企业	975413	145599	1585996
四、按国民经济行业分			
交通运输、仓储和邮政业	3542128	59899	28750939
信息传输、软件和信息技术服务业	3030706	586548	7822603
租赁和商务服务业	1426662	61042	6122010
科学研究和技术服务业	4098750	229333	10015942
水利、环境和公共设施管理业	188716	18859	423919
文化、体育和娱乐业与卫生和社会工作	322860	−62168	660726
五、按企业控股情况分			
国有控股	5562192	29519	35153771
集体控股	51568	3100	35580
私人控股	1914543	−170	2420120
港澳台商控股	1493114	459163	4482904
外商控股	366769	18447	359190
其他	3221637	383455	11344573

表 5-3　重点服务业企业 R&D 人员情况（一）（2018 年）

单位：人

项目	R&D 人员合计	# 女性	# 研究人员	参加项目人员	管理和服务人员	全时人员	非全时人员
合计	**13771**	**3397**	**7299**	**11676**	**2095**	**8445**	**5326**
一、按企业规模分							
大型	10150	2409	5580	8244	1906	5856	4294
中型	3621	988	1719	3432	189	2589	1032
二、按隶属关系分							
中央	5082	493	2833	3538	1544	1841	3241
地方	984	201	475	869	115	579	405
其他	7705	2703	3991	7269	436	6025	1680
三、按登记注册类型分							
内资企业	10151	1972	5298	8355	1796	5445	4706
港澳台商投资企业	1228	464	694	1194	34	1094	134
外商投资企业	2392	961	1307	2127	265	1906	486
四、按国民经济行业分							
交通运输、仓储和邮政业	733	95	328	660	73	295	438
信息传输、软件和信息技术服务业	5480	1795	2818	5066	414	4543	937
租赁和商务服务业	232	69	116	229	3	94	138
科学研究和技术服务业	7122	1387	3934	5528	1594	3330	3792
水利、环境和公共设施管理业	57	21	28	55	2	51	6
文化、体育和娱乐业与卫生和社会工作	147	30	75	138	9	132	15
五、按企业控股情况分							
国有控股	5809	579	3150	4265	1544	2071	3738
集体控股	33	8	10	33	0	30	3
私人控股	2783	879	1352	2707	76	1939	844
港澳台商控股	1228	464	694	1194	34	1094	134
外商控股	2190	928	1214	1930	260	1790	400
其他	1728	539	879	1547	181	1521	207

表 5-4　重点服务业企业 R&D 人员情况（二）（2018 年）

单位：人年

项目	R&D 人员折合全时当量	#研究人员	基础研究	应用研究	试验发展
合计	**7912**	**4239**	**41**	**553**	**7319**
一、按企业规模分					
大型	5834	3194	41	469	5325
中型	2078	1045	0	84	1994
二、按隶属关系分					
中央	2458	1378	41	490	1927
地方	639	322	0	18	622
其他	4815	2539	0	45	4770
三、按登记注册类型分					
内资企业	5630	2970	41	553	5037
港澳台商投资企业	1080	609	0	0	1080
外商投资企业	1202	661	0	0	1202
四、按国民经济行业分					
交通运输、仓储和邮政业	478	225	0	0	478
信息传输、软件和信息技术服务业	3787	2038	0	0	3787
租赁和商务服务业	137	73	0	0	137
科学研究和技术服务业	3360	1827	41	542	2777
水利、环境和公共设施管理业	44	21	0	11	33
文化、体育和娱乐业与卫生和社会工作	107	55	0	0	107
五、按企业控股情况分					
国有控股	3053	1665	41	519	2493
集体控股	32	10	0	0	32
私人控股	1599	797	0	31	1568
港澳台商控股	1080	609	0	0	1080
外商控股	1049	591	0	0	1049
其他	1100	568	0	3	1097

表 5-5　重点服务业企业 R&D 经费按活动类型分布（2018 年）

单位：万元

项目	R&D 经费内部支出	基础研究	应用研究	试验发展
合计	**311177**	**150**	**25850**	**285177**
一、按企业规模分				
大型	238901	150	23100	215651
中型	72276	0	2750	69526
二、按隶属关系分				
中央	105283	150	22917	82217
地方	17171	0	1228	15943
其他	188723	0	1705	187017
三、按登记注册类型分				
内资企业	197544	150	25850	171544
港澳台商投资企业	58569	0	0	58569
外商投资企业	55064	0	0	55064
四、按国民经济行业分				
交通运输、仓储和邮政业	14265	0	0	14265
信息传输、软件和信息技术服务业	129817	0	0	129817
租赁和商务服务业	3801	0	0	3801
科学研究和技术服务业	155773	150	24935	130688
水利、环境和公共设施管理业	1586	0	915	671
文化、体育和娱乐业与卫生和社会工作	5936	0	0	5936
五、按企业控股情况分				
国有控股	101539	150	25060	76329
集体控股	529	0	0	529
私人控股	36086	0	696	35390
港澳台商控股	58569	0	0	58569
外商控股	49897	0	0	49897
其他	64557	0	94	64462

表 5–6　重点服务业企业 R&D 经费按支出用途分布（2018 年）

单位：万元

项目	R&D 经费内部支出	日常费支出	# 人员劳务费	资产性支出	土建工程	仪器设备
合计	**311177**	**295292**	**204818**	**15885**	**703**	**15182**
一、按企业规模分						
大型	238901	224299	153015	14602	43	14559
中型	72276	70993	51803	1283	660	623
二、按隶属关系分						
中央	105283	93745	44006	11538	648	10890
地方	17171	16984	13092	188	0	188
其他	188723	184563	147719	4160	55	4105
三、按登记注册类型分						
内资企业	197544	181946	108560	15598	684	14913
港澳台商投资企业	58569	58334	51572	235	19	216
外商投资企业	55064	55012	44686	52	0	52
四、按国民经济行业分						
交通运输、仓储和邮政业	14265	14241	11319	24	0	24
信息传输、软件和信息技术服务业	129817	126939	109728	2878	17	2861
租赁和商务服务业	3801	3798	2797	2	0	2
科学研究和技术服务业	155773	143667	77748	12106	660	11446
水利、环境和公共设施管理业	1586	1567	962	19	19	0
文化、体育和娱乐业与卫生和社会工作	5936	5081	2265	855	7	848
五、按企业控股情况分						
国有控股	101539	92662	51511	8877	648	8229
集体控股	529	529	477	0	0	0
私人控股	36086	33463	23907	2624	36	2587
港澳台商控股	58569	58334	51572	235	19	216
外商控股	49897	49845	40193	52	0	52
其他	64557	60460	37158	4097	0	4097

表 5-7　重点服务业企业 R&D 经费按资金来源分布（2018 年）

单位：万元

项目	R&D 经费内部支出	政府资金	企业资金	境外资金	其他资金
合计	**311177**	**17771**	**280846**	**2467**	**10093**
一、按企业规模分					
大型	238901	14286	212471	2452	9693
中型	72276	3486	68375	15	401
二、按隶属关系分					
中央	105283	13002	92282	0	0
地方	17171	2395	14759	0	17
其他	188723	2374	173806	2467	10076
三、按登记注册类型分					
内资企业	197544	17771	179357	15	401
港澳台商投资企业	58569	0	58569	0	0
外商投资企业	55064	0	42920	2452	9693
四、按国民经济行业分					
交通运输、仓储和邮政业	14265	50	14215	0	0
信息传输、软件和信息技术服务业	129817	3543	116183	15	10076
租赁和商务服务业	3801	25	3775	0	0
科学研究和技术服务业	155773	13455	139849	2452	17
水利、环境和公共设施管理业	1586	215	1371	0	0
文化、体育和娱乐业与卫生和社会工作	5936	483	5452	0	0
五、按企业控股情况分					
国有控股	101539	14225	87296	0	17
集体控股	529	0	529	0	0
私人控股	36086	1786	33917	0	384
港澳台商控股	58569	0	58569	0	0
外商控股	49897	0	37753	2452	9693
其他	64557	1760	62782	15	0

表 5-8　重点服务业企业 R&D 经费外部支出情况（2018 年）

单位：万元

项目	R&D 经费外部支出	对境内研究机构支出	对境内高等学校支出	对境内企业支出	对境外支出
合计	**17773**	**1524**	**2355**	**10366**	**3528**
一、按企业规模分					
大型	15889	1322	2283	8940	3343
中型	1885	202	72	1425	186
二、按隶属关系分					
中央	11756	226	2300	6768	2462
地方	2621	284	27	2309	0
其他	3396	1014	28	1288	1066
三、按登记注册类型分					
内资企业	16283	1524	2327	9784	2648
港澳台商投资企业	1128	0	28	219	880
外商投资企业	363	0	0	363	0
四、按国民经济行业分					
交通运输、仓储和邮政业	2322	113	27	2182	0
信息传输、软件和信息技术服务业	1888	935	28	925	0
租赁和商务服务业	528	0	0	528	0
科学研究和技术服务业	12988	428	2300	6731	3528
水利、环境和公共设施管理业	48	48	0	0	0
五、按企业控股情况分					
国有控股	14127	387	2327	8950	2463
私人控股	1649	966	0	683	0
港澳台商控股	1128	0	28	219	880
外商控股	0	0	0	0	0
其他	870	171	0	514	186

表 5-9 重点服务业企业办科技机构情况（2018 年）

项目	机构数（个）	机构人员合计（人）	#博士毕业	#硕士毕业	机构经费支出（万元）	仪器和设备原价（万元）	#进口
合计	**24**	**3753**	**126**	**1239**	**121647**	**74825**	**1933**
一、按企业规模分							
大型	15	3368	87	1136	113539	72417	1907
中型	9	385	39	103	8107	2408	26
二、按隶属关系分							
中央	10	2131	61	781	76742	46799	26
地方	5	130	3	28	2916	169	0
其他	9	1492	62	430	41989	27857	1907
三、按登记注册类型分							
内资企业和港澳台商投资企业	24	3753	126	1239	121647	74825	1933
四、按国民经济行业分							
交通运输、仓储和邮政业及信息传输、软件和信息技术服务业	8	1204	9	306	39186	14225	0
科学研究和技术服务业	16	2549	117	933	82460	60600	1933
五、按企业控股情况分							
国有控股	11	2138	61	781	76776	46846	26
私人控股及港澳台商控股和外商控股	6	1258	54	418	38371	26727	1907
其他	7	357	11	40	6500	1252	0

表 5-10　重点服务业企业自主知识产权及相关情况（2018 年）

单位：件

	专利申请数	#发明专利	有效发明专利数
合计	**841**	**455**	**1567**
一、按企业规模分			
大型	469	273	962
中型	372	182	605
二、按隶属关系分			
中央	452	239	858
地方	131	49	149
其他	258	167	560
三、按登记注册类型分			
内资企业	769	396	1345
港澳台商投资企业	53	50	108
外商投资企业	19	9	114
四、按国民经济行业分			
交通运输、仓储和邮政业	93	27	105
信息传输、软件和信息技术服务业	151	117	242
租赁和商务服务业	25	3	13
科学研究和技术服务业	552	290	1155
水利、环境和公共设施管理业	13	11	49
文化、体育和娱乐业与卫生和社会工作	7	7	3
五、按企业控股情况分			
国有控股	587	298	1066
集体控股	11	0	11
私人控股	117	64	187
港澳台商控股	53	50	108
外商控股	4	4	47
其他	69	39	148

表 5–11　重点服务业企业政府相关政策落实情况（2018 年）

单位：万元

项目	使用来自政府部门的科技活动资金	研究开发费用加计扣除减免税	高新技术企业减免税
合计	**18056**	**15005**	**30690**
一、按企业规模分			
大型	14286	10492	6330
中型	3771	4514	24361
二、按隶属关系分			
中央	13152	3717	2184
地方	2395	431	2175
其他	2509	10857	26331
三、按登记注册类型分			
内资企业	18056	10061	28474
港澳台商投资企业	0	4283	1973
外商投资企业	0	662	243
四、按国民经济行业分			
交通运输、仓储和邮政业	50	88	1692
信息传输、软件和信息技术服务业	3763	6168	22149
租赁和商务服务业	25	0	0
科学研究和技术服务业	13505	7920	6145
水利、环境和公共设施管理业	215	313	28
文化、体育和娱乐业与卫生和社会工作	498	517	676
五、按企业控股情况分			
国有控股	14376	3980	3881
集体控股	0	100	31
私人控股	1921	3581	2440
港澳台商控股	0	4283	1973
外商控股	0	480	243
其他	1760	2582	22123

第六部分

国家级高新技术企业

表 6-1　国家级高新技术企业[①]基本情况（一）（2016—2018 年）

项目	单位	2016 年	2017 年	2018 年
纳入统计企业数	**个**	**1588**	**1874**	**2136**
大型企业		67	69	78
中型企业		174	191	214
小型企业		845	979	1097
微型企业		502	635	747
从业人员期末人数	**人**	**279242**	**296391**	**298663**
大型企业		158648	166313	159616
中型企业		60708	62687	68711
小型企业		53627	60504	63275
微型企业		6259	6887	7061
营业收入	**亿元**	**3657.8**	**4229.8**	**4621.8**
大型企业		2368.5	2744.6	2863.2
中型企业		680.3	803.5	977.1
小型企业		589.5	658.8	701.4
微型企业		19.5	22.9	80.1
工业总产值	**亿元**	**2373.9**	**2249.5**	**2362.3**
大型企业		1242.9	1136.9	1139.8
中型企业		539.0	576.1	627.4
小型企业		573.7	519.1	532.1
微型企业		18.4	17.5	63.0

注：①本部分统计口径为纳入统计的国家级高新技术企业。

表 6-2　国家级高新技术企业基本情况（二）（2016—2018 年）

单位：亿元

项目	2016 年	2017 年	2018 年
年末资产总计	**7326.3**	**8113.6**	**8679.7**
大型企业	4352.1	5209.5	5341.9
中型企业	1879.5	1610.0	1909.8
小型企业	1029.8	1155.9	1249.9
微型企业	64.8	138.3	178.0
净利润	**200.3**	**213.9**	**219.6**
大型企业	87.0	110.7	126.7
中型企业	85.9	77.4	70.3
小型企业	29.7	28.0	26.1
微型企业	–2.3	–2.2	–3.5
实际上缴税费总额	**182.4**	**158.5**	**175.7**
大型企业	108.6	86.3	94.7
中型企业	49.2	41.1	43.9
小型企业	23.9	30.0	35.2
微型企业	0.8	1.0	1.9
出口总额	**503.1**	**497.0**	**598.9**
大型企业	381.6	393.8	468.2
中型企业	58.4	50.5	64.4
小型企业	62.3	52.3	64.3
微型企业	0.7	0.4	2.0

表 6-3　国家级高新技术企业基本情况（一）（2018 年）

项目	纳入统计企业数（个）	从业人员期末人数（人）	营业收入（万元）	# 技术收入	# 产品销售收入	# 高新技术产品销售收入
合计	**2136**	**298663**	**46217528**	**9607283**	**33319683**	**27115718**
一、按企业规模分						
大型	78	159616	28631575	7481478	18932053	15645866
中型	214	68711	9771075	1469782	7717524	6277239
小型	1097	63275	7013809	593128	6046647	4682538
微型	747	7061	801069	62896	623459	510075
二、按登记注册类型分						
内资企业	**1970**	**251313**	**37005936**	**8387637**	**25520062**	**20650398**
国有企业	82	68797	9541980	3258279	6117997	4942270
集体企业	3	281	8875	1468	6543	5675
股份合作企业	8	1051	60989	840	59999	38293
联营企业	2	30	342	241	79	7
国有和其他联营企业	2	30	342	241	79	7
有限责任公司	668	87648	15577476	3238508	10744270	8318093
国有独资公司	20	22778	4346395	1652367	1685730	1292261
其他有限责任公司	648	64870	11231081	1586141	9058540	7025832
股份有限公司	208	53169	8682084	1466086	6369432	5624635
私营企业	981	39089	3044444	409230	2147681	1667599
私营独资企业	47	1381	84923	25317	53761	41549
私营合伙企业	10	128	6133	1158	4946	4430
私营有限责任公司	866	32844	2655533	365468	1824834	1403049
私营股份有限公司	58	4736	297855	17287	264139	218571
其他企业	18	1248	89746	12985	74061	53826
港澳台商投资企业	**56**	**21899**	**3830347**	**1006680**	**2758272**	**2255132**
与港澳台商合资经营企业	26	6989	702364	42848	649672	455617
港澳台商独资经营及其他港澳台商投资企业	30	14910	3127983	963832	2108600	1799516

表 6-3 国家级高新技术企业基本情况（一）（2018 年）（续一）

项目	纳入统计企业数（个）	从业人员期末人数（人）	营业收入（万元）	# 技术收入	# 产品销售收入	# 高新技术产品销售收入
外商投资企业	**110**	**25451**	**5381245**	**212966**	**5041349**	**4210188**
中外合资经营和中外合作经营企业	64	7800	1381044	185094	1165701	748768
外资企业	42	17502	3991641	26735	3868406	3456457
外商投资股份有限公司	2	115	4482	82	4294	3427
其他外商投资企业	2	34	4078	1055	2947	1537
三、按国民经济行业分						
农、林、牧、渔业	**17**	**419**	**22067**	**749**	**19244**	**12837**
农业	5	144	6370	408	4591	3192
畜牧业和渔业	3	105	4879	185	4218	71
农、林、牧、渔专业及辅助性活动	9	170	10818	156	10435	9574
采矿业	**16**	**30868**	**2327094**	**1201154**	**1018292**	**953497**
煤炭开采和洗选业	2	168	13807	2874	10882	3760
石油和天然气开采业	5	24949	2021834	1192995	792974	744619
非金属矿采选业	2	5138	251240	0	179973	179973
开采专业及辅助性活动	7	613	40213	5285	34463	25146
制造业	**956**	**141042**	**21007747**	**183290**	**19711047**	**16558070**
农副食品加工业	5	1116	207108	0	203295	156607
食品制造业	20	2204	203647	218	199820	169411
酒、饮料和精制茶制造业	6	573	75609	0	52510	44544
纺织业和家具制造业	7	1721	196676	963	187509	159701
木材加工和木、竹、藤、棕、草制品业	2	85	22990	0	22980	7010
造纸和纸制品业	10	852	71918	0	71687	54328
印刷和记录媒介复制业	6	830	79289	27	75618	54845
文教、工美、体育和娱乐用品制造业	3	24	2034	0	2034	1945
石油、煤炭及其他燃料加工业	6	1403	423179	0	396291	339340
化学原料和化学制品制造业	79	14000	4149755	5765	3784615	3332896
医药制造业和化学纤维制造业	51	9064	702529	6440	677903	426871

表 6-3　国家级高新技术企业基本情况（一）（2018 年）（续二）

项目	纳入统计企业数（个）	从业人员期末人数（人）	营业收入（万元）	# 技术收入	# 产品销售收入	# 高新技术产品销售收入
橡胶和塑料制品业	41	4007	667189	43	651483	516701
非金属矿物制品业	30	2599	341745	6796	311782	192620
黑色金属冶炼和压延加工业	8	2045	623736	0	602970	520456
有色金属冶炼和压延加工业	6	782	195686	0	183668	145698
金属制品业	32	4536	587883	1961	562493	462371
通用设备制造业	97	8402	561350	24421	506064	426875
专用设备制造业	180	16040	1274652	21728	1214830	988134
汽车制造业	32	7277	1017199	1819	727817	554968
铁路、船舶、航空航天和其他运输设备制造业	42	12498	1012612	6992	997927	797288
电气机械和器材制造业	71	14115	2096111	3757	2073987	1541846
计算机、通信和其他电子设备制造业	87	28427	5990225	57827	5783058	5338929
仪器仪表制造业	111	5733	239465	11729	213848	175511
其他制造业	11	1153	204342	758	183576	126231
废弃资源综合利用业	4	227	18005	835	16365	16354
金属制品、机械和设备修理业	9	1329	42814	31213	6919	6590
电力、热力、燃气及水生产和供应业	**31**	**2874**	**867482**	**9164**	**840904**	**666948**
电力、热力生产和供应业	16	1569	266739	1594	250027	199587
燃气生产和供应业	2	675	539770	0	538977	436893
水的生产和供应业	13	630	60973	7570	51901	30467
建筑业	**85**	**36401**	**11562277**	**2393579**	**8060906**	**5937032**
房屋建筑业	6	7761	1944704	169163	1675795	1675795
土木工程建筑业	27	21550	8391331	1847979	5554931	3709857
建筑安装业	38	6489	1056052	370757	667989	473168
建筑装饰、装修和其他建筑业	14	601	170190	5679	162191	78211
批发和零售业	**92**	**1975**	**236782**	**85861**	**130985**	**74598**
批发业	71	997	148051	48763	85170	64853

表 6-3　国家级高新技术企业基本情况（一）（2018 年）（续三）

项目	纳入统计企业数（个）	从业人员期末人数（人）	营业收入（万元）	# 技术收入	# 产品销售收入	# 高新技术产品销售收入
零售业	21	978	88731	37098	45814	9744
交通运输、仓储和邮政业	**19**	**6276**	**745182**	**255426**	**473587**	**415625**
道路运输业和邮政业	2	207	73645	41826	30796	0
水上运输业	4	1199	240329	0	239493	236473
航空运输业	2	1131	32343	24938	6756	6756
多式联运和运输代理业	3	374	24755	20477	0	0
装卸搬运和仓储业	8	3365	374110	168185	196541	172396
信息传输、软件和信息技术服务业	**577**	**32676**	**3674182**	**2235612**	**1124532**	**994947**
电信、广播电视和卫星传输服务	4	2558	148280	23024	92353	92353
互联网和相关服务	55	5852	1073472	1023176	29408	28096
软件和信息技术服务业	518	24266	2452429	1189413	1002771	874498
租赁和商务服务业	**9**	**475**	**95064**	**92037**	**2225**	**1960**
租赁业和商务服务业	9	475	95064	92037	2225	1960
科学研究和技术服务业	**281**	**43082**	**5218023**	**2971063**	**1676146**	**1293003**
研究和试验发展	66	5696	317837	250405	56855	42576
专业技术服务业	133	35758	4783315	2697502	1534054	1173045
科技推广和应用服务业	82	1628	116871	23156	85238	77382
水利、环境和公共设施管理业	**32**	**1293**	**287288**	**63562**	**207192**	**160345**
生态保护和环境治理业	25	745	88765	31167	41063	36782
公共设施管理业和水利管理业	7	548	198524	32395	166129	123563
居民服务、修理和其他服务业	**10**	**400**	**13782**	**8795**	**4325**	**4112**
其他服务业	10	400	13782	8795	4325	4112
教育与卫生和社会工作	**2**	**231**	**20006**	**91**	**19796**	**19796**
教育与卫生和社会工作	2	231	20006	91	19796	19796
文化、体育和娱乐业	**9**	**651**	**140551**	**106900**	**30502**	**22950**
广播、电视、电影和影视录音制作业	7	632	134866	101445	30272	22950
文化艺术业	2	19	5685	5455	230	0

表 6-4　国家级高新技术企业基本情况（二）（2018 年）

单位：万元

项目	工业总产值	净利润	实际上缴税费总额	#所得税	年末资产总计	出口总额
合计	**23622498**	**2195646**	**1757358**	**469059**	**86796722**	**5989412**
一、按企业规模分						
大型	11397903	1266966	946805	238122	53419251	4682229
中型	6273561	703133	439051	132051	19098044	643674
小型	5320695	260566	352227	90452	12499149	643219
微型	630340	−35019	19275	8434	1780279	20290
二、按登记注册类型分						
内资企业	**16500038**	**1208496**	**1250518**	**295303**	**75225926**	**2172712**
国有企业	3583683	289139	310264	95024	17566577	37790
集体企业	6548	868	528	153	6652	0
股份合作企业	66222	1883	3009	464	106190	930
联营企业	79	11	19	0	1286	0
国有联营企业	0	11	18	0	317	0
其他联营企业	79	0	1	0	969	0
有限责任公司	5886304	554303	466391	130179	31093301	609174
国有独资公司	795240	47243	80940	16467	11066763	45833
其他有限责任公司	5091064	507060	385451	113712	20026538	563342
股份有限公司	4908526	323058	307672	34501	20377299	1340605
私营企业	1972590	30946	154479	32836	5923970	183893
私营独资企业	47563	5827	4782	1218	154924	2575
私营合伙企业	4841	185	187	7	7875	0
私营有限责任公司	1656001	37280	132800	28816	4919659	157950
私营股份有限公司	264186	−12346	16710	2795	841512	23369
其他企业	76086	8288	8158	2146	150651	319
港澳台商投资企业	**2465087**	**542087**	**311079**	**103273**	**6140352**	**1121980**
与港澳台商合资经营企业	535872	56744	47966	14137	994960	20348
港澳台商独资经营企业及其他港澳台商投资企业	1929216	485343	263113	89136	5145392	1101632
外商投资企业	**4657373**	**445063**	**195761**	**70483**	**5430445**	**2694721**
中外合资经营企业	833373	203193	90028	24658	2695140	76958

表 6-4　国家级高新技术企业基本情况（二）（2018 年）（续一）

项目	工业总产值	净利润	实际上缴税费总额	# 所得税	年末资产总计	出口总额
中外合作经营企业	18476	3441	2931	1236	21918	0
外资企业	3804770	241474	102547	44490	2679773	2617763
外商投资股份有限公司	189	–2347	70	0	22420	0
其他外商投资企业	564	–699	186	99	11194	0
三、按国民经济行业分						
农、林、牧、渔业	**0**	**1096**	**787**	**70**	**59623**	**107**
农业	0	345	237	63	19925	103
畜牧业	0	662	523	0	15001	0
渔业	0	–23	3	1	207	4
农、林、牧、渔专业及辅助性活动	0	112	24	6	24490	0
采矿业	**2833091**	**–134867**	**65541**	**11710**	**6926751**	**5978**
煤炭开采和洗选业	13807	494	779	82	7561	0
石油和天然气开采业	2593539	–140337	47806	10956	4595693	4920
非金属矿采选业	182690	5196	13078	0	2254833	1058
开采专业及辅助性活动	43056	–220	3878	672	68665	0
制造业	**19526342**	**842722**	**777770**	**154105**	**31066394**	**4984774**
农副食品加工业	193175	28880	8954	4106	177538	26298
食品制造业	195249	4164	9757	1494	266571	44144
酒、饮料和精制茶制造业	46184	7854	3812	1309	76947	50
纺织业	65913	4894	2135	1064	94642	21819
木材加工和木、竹、藤、棕、草制品业	22847	263	290	20	26416	105
家具制造业	127557	7911	4767	356	195093	15246
造纸和纸制品业	59805	304	2468	85	53170	1588
印刷和记录媒介复制业	78943	2737	3885	413	81584	1510
文教、工美、体育和娱乐用品制造业	1445	33	19	4	2635	316
石油、煤炭及其他燃料加工业	373896	4806	17877	4323	315465	61
化学原料和化学制品制造业	3691280	136469	184724	25062	5636752	377617
医药制造业	693412	31505	51005	9999	1645441	142936
化学纤维制造业	664	–19	7	0	478	0
橡胶和塑料制品业	477317	8184	17695	3067	1052326	10430

表 6–4　国家级高新技术企业基本情况（二）（2018 年）（续二）

项目	工业总产值	净利润	实际上缴税费总额		年末资产总计	出口总额
				# 所得税		
非金属矿物制品业	299478	13265	20807	3418	458468	26611
黑色金属冶炼和压延加工业	622534	–40252	8778	3008	826736	34514
有色金属冶炼和压延加工业	185706	8234	3864	1111	303413	10607
金属制品业	539749	66348	35916	5273	932675	20970
通用设备制造业	531856	22726	45027	7778	969498	61647
专用设备制造业	1240145	65301	86998	13107	2845913	214915
汽车制造业	661621	–6534	38547	8647	2138336	65918
铁路、船舶、航空航天和其他运输设备制造业	1056265	81138	26331	5068	3087001	56575
电气机械和器材制造业	2049920	108373	83359	12306	3322146	237600
计算机、通信和其他电子设备制造业	5822011	273048	95686	39888	5600527	3603009
仪器仪表制造业	244941	13671	16432	1897	447838	7997
其他制造业	182883	–53	2052	661	369924	1100
废弃资源综合利用业	18239	–4229	861	26	87176	0
金属制品、机械和设备修理业	43308	3699	5720	616	51684	1194
电力、热力、燃气及水生产和供应业	**918011**	**20764**	**24308**	**9100**	**1681556**	**0**
电力、热力生产和供应业	318946	–691	13559	6113	1217582	0
燃气生产和供应业	539770	10739	3520	2116	283194	0
水的生产和供应业	59295	10716	7229	870	180781	0
建筑业	**161997**	**327983**	**255477**	**72939**	**20259583**	**89982**
房屋建筑业	0	50844	40699	11314	3523574	0
土木工程建筑业	160873	198683	166449	46662	14837548	13135
建筑安装业	1124	55701	35416	9468	1662197	76847
建筑装饰、装修和其他建筑业	0	22756	12915	5495	236264	0
批发和零售业	**2683**	**–220711**	**5045**	**1121**	**635302**	**13087**
批发业	2638	5751	4653	1023	270692	10279
零售业	44	–226462	391	98	364610	2808
交通运输、仓储和邮政业	**0**	**60741**	**57855**	**37595**	**2664617**	**0**
道路运输业和邮政业	0	7112	1690	505	114618	0
水上运输业	0	56203	19637	16450	885977	0

表 6-4　国家级高新技术企业基本情况（二）（2018 年）（续三）

项目	工业总产值	净利润	实际上缴税费总额	# 所得税	年末资产总计	出口总额
航空运输业	0	767	5336	2354	61042	0
多式联运和运输代理业	0	-8380	242	35	86953	0
装卸搬运和仓储业	0	5038	30951	18250	1516027	0
信息传输、软件和信息技术服务业	**175622**	**662650**	**317610**	**135355**	**9888479**	**130719**
电信、广播电视和卫星传输服务	0	16871	6018	5400	772445	0
互联网和相关服务	240	272726	120799	49451	3962654	0
软件和信息技术服务业	175382	373052	190793	80505	5153380	130719
租赁和商务服务业	**0**	**49407**	**5768**	**22**	**135122**	**6567**
租赁业	0	0	5	0	2076	0
商务服务业	0	49407	5763	22	133046	6567
科学研究和技术服务业	**3086**	**530560**	**226937**	**39163**	**12584551**	**754606**
研究和试验发展	143	27334	15986	6740	866773	74459
专业技术服务业	773	505264	208551	31776	11469951	679865
科技推广和应用服务业	2170	-2038	2399	648	247827	282
水利、环境和公共设施管理业	**1590**	**16732**	**9774**	**3064**	**478410**	**0**
水利管理业	0	-27	10	0	28	0
生态保护和环境治理业	1590	3705	5206	1346	159371	0
公共设施管理业	0	13053	4558	1718	319012	0
居民服务、修理和其他服务业	**77**	**5854**	**1030**	**511**	**70812**	**0**
其他服务业	77	5854	1030	511	70812	0
教育	**0**	**1**	**2**	**0**	**503**	**0**
教育	0	1	2	0	503	0
卫生和社会工作	**0**	**4711**	**283**	**214**	**59558**	**0**
卫生	0	4711	283	214	59558	0
文化、体育和娱乐业	**0**	**28006**	**9173**	**4090**	**285462**	**3592**
广播、电视、电影和影视录音制作业	0	29308	8705	3623	176431	3592
文化艺术业	0	-1302	467	467	109031	0

表 6-5　国家级高新技术企业从业人员情况（2018 年）

单位：人

项目	从业人员期末人数	# 留学归国人员	# 外籍常驻人员	# 本科及以上人员	# 中层及以上管理人员
合计	**298663**	**1382**	**280**	**136353**	**28622**
一、按企业规模分					
大型	159616	808	72	76062	11840
中型	68711	153	73	28132	6317
小型	63275	345	123	28395	8904
微型	7061	76	12	3764	1561
二、按登记注册类型分					
内资企业	**251313**	**1144**	**121**	**118420**	**25067**
国有企业	68797	491	0	34233	4625
集体企业	281	0	0	38	20
股份合作企业	1051	1	0	193	103
联营企业	30	0	0	15	5
国有联营企业	20	0	0	14	4
其他联营企业	10	0	0	1	1
有限责任公司	87648	216	48	41302	8923
国有独资公司	22778	25	0	9571	1563
其他有限责任公司	64870	191	48	31731	7360
股份有限公司	53169	215	21	24758	6230
私营企业	39089	219	52	17272	5060
私营独资企业	1381	6	1	662	206
私营合伙企业	128	2	0	67	27
私营有限责任公司	32844	189	44	14615	4324
私营股份有限公司	4736	22	7	1928	503
其他企业	1248	2	0	609	101
港澳台商投资企业	**21899**	**131**	**52**	**9526**	**1842**
与港澳台商合资经营企业	6989	10	7	1818	655
港澳台商独资经营企业及其他港澳台商投资企业	14910	121	45	7708	1187

表 6-5 国家级高新技术企业从业人员情况（2018 年）（续一）

项目	从业人员期末人数	# 留学归国人员	# 外籍常驻人员	# 本科及以上人员	# 中层及以上管理人员
外商投资企业	**25451**	**107**	**107**	**8407**	**1713**
中外合资经营企业	7750	55	27	3549	803
中外合作经营企业	50	0	3	27	9
外资企业	17502	50	75	4771	879
外商投资股份有限公司	115	1	2	35	16
其他外商投资企业	34	1	0	25	6
三、按国民经济行业分					
农、林、牧、渔业	**419**	**8**	**1**	**244**	**92**
农业	144	0	0	62	24
畜牧业	95	2	1	34	17
渔业	10	0	0	4	2
农、林、牧、渔专业及辅助性活动	170	6	0	144	49
采矿业	**30868**	**358**	**0**	**10704**	**717**
煤炭开采和洗选业	168	1	0	44	21
石油和天然气开采业	24949	356	0	9122	389
非金属矿采选业	5138	0	0	1195	230
开采专业及辅助性活动	613	1	0	343	77
制造业	**141042**	**387**	**197**	**46682**	**11908**
农副食品加工业	1116	2	13	425	117
食品制造业	2204	5	3	551	274
酒、饮料和精制茶制造业	573	0	0	121	40
纺织业	734	0	0	141	68
木材加工和木、竹、藤、棕、草制品业	85	0	0	17	13
家具制造业	987	0	0	875	321
造纸和纸制品业	852	3	0	202	90
印刷和记录媒介复制业	830	0	0	131	103
文教、工美、体育和娱乐用品制造业	24	0	0	5	6
石油、煤炭及其他燃料加工业	1403	0	3	327	193
化学原料和化学制品制造业	14000	24	8	4508	1009
医药制造业	9050	50	43	4397	787

表 6-5 国家级高新技术企业从业人员情况（2018 年）（续二）

项目	从业人员期末人数	# 留学归国人员	# 外籍常驻人员	# 本科及以上人员	# 中层及以上管理人员
化学纤维制造业	14	0	0	4	4
橡胶和塑料制品业	4007	5	0	779	415
非金属矿物制品业	2599	0	3	643	425
黑色金属冶炼和压延加工业	2045	0	10	323	143
有色金属冶炼和压延加工业	782	1	1	129	58
金属制品业	4536	5	2	1011	508
通用设备制造业	8402	12	4	2789	769
专用设备制造业	16040	27	15	5780	1750
汽车制造业	7277	10	22	1290	561
铁路、船舶、航空航天和其他运输设备制造业	12498	29	3	4861	793
电气机械和器材制造业	14115	74	4	4459	1134
计算机、通信和其他电子设备制造业	28427	124	49	10272	1401
仪器仪表制造业	5733	7	9	2090	721
其他制造业	1153	7	4	200	78
废弃资源综合利用业	227	2	0	80	41
金属制品、机械和设备修理业	1329	0	1	272	86
电力、热力、燃气及水生产和供应业	**2874**	**8**	**0**	**1134**	**308**
电力、热力生产和供应业	1569	6	0	621	139
燃气生产和供应业	675	1	0	238	99
水的生产和供应业	630	1	0	275	70
建筑业	**36401**	**53**	**2**	**20661**	**4247**
房屋建筑业	7761	4	0	4017	494
土木工程建筑业	21550	43	2	13388	2390
建筑安装业	6489	5	0	2926	1275
建筑装饰、装修和其他建筑业	601	1	0	330	88
批发和零售业	**1975**	**10**	**3**	**1299**	**485**
批发业	997	4	3	525	218
零售业	978	6	0	774	267

表 6-5　国家级高新技术企业从业人员情况（2018 年）（续三）

项目	从业人员期末人数	# 留学归国人员	# 外籍常驻人员	# 本科及以上人员	# 中层及以上管理人员
交通运输、仓储和邮政业	**6276**	**18**	**3**	**3345**	**611**
道路运输业和邮政业	207	3	0	88	39
水上运输业	1199	5	3	848	120
航空运输业	1131	5	0	587	20
多式联运和运输代理业	374	1	0	232	67
装卸搬运和仓储业	3365	4	0	1590	365
信息传输、软件和信息技术服务业	**32676**	**232**	**46**	**22614**	**3839**
电信、广播电视和卫星传输服务	2558	10	0	1455	100
互联网和相关服务	5852	8	2	3767	774
软件和信息技术服务业	24266	214	44	17392	2965
租赁和商务服务业	**475**	**0**	**0**	**273**	**63**
租赁业	3	0	0	2	1
商务服务业	472	0	0	271	62
科学研究和技术服务业	**43082**	**283**	**22**	**27806**	**5971**
研究和试验发展	5696	64	12	4655	550
专业技术服务业	35758	195	10	22224	5125
科技推广和应用服务业	1628	24	0	927	296
水利、环境和公共设施管理业	**1293**	**7**	**0**	**707**	**180**
水利管理业	9	0	0	2	2
生态保护和环境治理业	745	6	0	414	113
公共设施管理业	539	1	0	291	65
居民服务、修理和其他服务业	**400**	**1**	**0**	**203**	**81**
其他服务业	400	1	0	203	81
教育	**14**	**0**	**0**	**6**	**2**
教育	14	0	0	6	2
卫生和社会工作	**217**	**0**	**0**	**168**	**11**
卫生	217	0	0	168	11
文化、体育和娱乐业	**651**	**17**	**6**	**507**	**107**
广播、电视、电影和影视录音制作业	632	17	6	497	102
文化艺术业	19	0	0	10	5

表 6-6　国家级高新技术企业科技活动经费情况（2018 年）

单位：万元

项目	科技活动经费支出	人员人工费	直接投入费用	折旧费用与长期待摊费用	无形资产摊销费用	设计费用	装备调试费用与试验费用
合计	**2337963**	**967149**	**944428**	**110232**	**29299**	**28633**	**39419**
一、按企业规模分							
大型	1160407	430632	531710	54460	9576	7845	24039
中型	576170	233095	215914	26973	5571	12441	8413
小型	543584	283509	170581	27162	12690	3187	6374
微型	57802	19914	26224	1638	1462	5160	593
二、按登记注册类型分							
内资企业	**1922451**	**754106**	**827112**	**82981**	**25315**	**23307**	**32729**
国有企业	446869	161332	204012	10642	387	3149	982
集体企业	595	469	98	8	0	0	0
股份合作企业	3081	1100	1531	259	0	0	0
联营企业	55	55	0	0	0	0	0
有限责任公司	837177	325238	400200	35824	12867	6966	16202
股份有限公司	422757	151580	155753	26374	9577	10952	11328
私营企业	205462	109833	63975	9778	2483	2151	4209
其他企业	6455	4500	1543	96	1	89	9
港澳台商投资企业	**203465**	**137396**	**33674**	**11041**	**1264**	**5134**	**365**
与港澳台商合资经营企业	38154	18821	10319	2233	106	4913	269
港澳台商独资经营企业及其他港澳台商投资企业	165311	118575	23354	8808	1158	222	96
外商投资企业	**212047**	**75647**	**83643**	**16210**	**2719**	**191**	**6325**
中外合资经营企业和中外合作经营企业	68743	24062	28027	4463	1850	166	6021
外资企业	142065	51317	55395	11611	870	25	305
外商投资股份有限公司	332	168	77	83	0	0	0
其他外商投资企业	907	99	145	53	0	0	0
三、按国民经济行业分							
农、林、牧、渔业	**3929**	**2716**	**793**	**84**	**1**	**0**	**0**
农业	604	224	319	22	1	0	0

续表

项目	委托外单位开展科技活动的经费支出	#委托境内研究机构	#委托境内高等学校	#委托境内企业	#委托境外机构	其他费用	当年形成用于科技活动的固定资产支出	#仪器和设备
合计	**101303**	**9465**	**6464**	**56584**	**22207**	**117500**	**142374**	**111171**
一、按企业规模分								
大型	62830	3591	5054	33034	20197	39316	44803	36430
中型	11626	2494	289	6724	770	62139	64813	48659
小型	25177	3155	1058	15547	1211	14904	29998	24559
微型	1669	225	63	1280	29	1141	2760	1524
二、按登记注册类型分								
内资企业	**70813**	**9023**	**6459**	**49922**	**3454**	**106089**	**120330**	**94330**
国有企业	7285	2706	1062	3029	481	59081	19005	15143
集体企业	0	0	0	0	0	20	446	0
股份合作企业	51	35	1	15	0	140	523	523
有限责任公司	18360	1240	1256	14523	333	21520	47765	32866
股份有限公司	39401	4323	3906	28491	2612	17793	31642	29573
私营企业	5713	718	234	3864	29	7320	20939	16215
其他企业	3	0	0	0	0	215	10	10
港澳台商投资企业	**7921**	**418**	**0**	**1319**	**1556**	**6669**	**8665**	**4508**
与港澳台商合资经营企业	190	0	0	190	0	1303	2015	1843
港澳台商独资经营企业	7731	418	0	1129	1556	5254	6624	2665
其他港澳台商投资企业	0	0	0	0	0	112	27	0
外商投资企业	**22569**	**24**	**5**	**5343**	**17197**	**4742**	**13379**	**12334**
中外合资经营企业和中外合作经营企业	1503	24	5	461	1013	2651	3326	3271
外资企业	20463	0	0	4278	16184	2081	10053	9063
外商投资股份有限公司	0	0	0	0	0	3	0	0
其他外商投资企业	604	0	0	604	0	7	0	0
三、按国民经济行业分								
农、林、牧、渔业	**0**	**0**	**0**	**0**	**0**	**333**	**180**	**94**
农业	0	0	0	0	0	36	129	45

表 6-6 国家级高新技术企业科技活动经费情况（2018 年）（续一）

单位：万元

项目	科技活动经费支出	人员人工费	直接投入费用	折旧费用与长期待摊费用	无形资产摊销费用	设计费用	装备调试费用与试验费用
畜牧业	336	276	4	40	0	0	0
渔业	62	45	17	1	0	0	0
农、林、牧、渔专业及辅助性活动	2927	2172	453	21	0	0	0
采矿业	**84905**	**26193**	**45036**	**2889**	**0**	**723**	**1275**
煤炭开采和洗选业	294	240	33	0	0	0	0
石油和天然气开采业	72141	21316	40499	2315	0	394	531
非金属矿采选业	8872	2910	3528	244	0	329	625
开采专业及辅助性活动	3599	1727	976	330	0	0	119
制造业	**1055647**	**386481**	**410976**	**58012**	**14830**	**21297**	**26668**
农副食品加工业	7321	4178	1844	798	3	4	80
食品制造业	8954	2866	4701	717	45	101	75
酒、饮料和精制茶制造业	2663	518	1571	268	150	1	8
纺织业	2826	1075	1595	74	0	0	38
木材加工和木、竹、藤、棕、草制品业	1069	151	692	197	5	0	0
家具制造业	3685	727	2537	59	0	276	0
造纸和纸制品业	2929	1055	1555	184	1	0	2
印刷和记录媒介复制业	4494	1551	2414	510	0	0	0
文教、工美、体育和娱乐用品制造业	365	82	259	20	0	0	0
石油、煤炭及其他燃料加工业	15778	3013	10689	591	1383	7	7
化学原料和化学制品制造业	148003	37174	89829	10742	100	43	4752
医药制造业	65612	27755	14600	4299	743	417	1922
化学纤维制造业	83	27	54	0	0	0	0
橡胶和塑料制品业	27934	6698	17426	2631	109	225	43
非金属矿物制品业	12446	3483	7597	773	172	29	46
黑色金属冶炼和压延加工业	20734	2528	16252	1496	19	83	2
有色金属冶炼和压延加工业	6202	1077	4569	153	0	346	0
金属制品业	24324	9608	10432	2602	53	359	140
通用设备制造业	36305	21253	11175	1294	542	138	466

续表

项目	委托外单位开展科技活动的经费支出	#委托境内研究机构	#委托境内高等学校	#委托境内企业	#委托境外机构	其他费用	当年形成用于科技活动的固定资产支出	#仪器和设备
畜牧业	0	0	0	0	0	16	0	0
渔业	0	0	0	0	0	0	4	2
农、林、牧、渔专业及辅助性活动	0	0	0	0	0	281	47	47
采矿业	**4096**	**535**	**701**	**2860**	**0**	**4694**	**4125**	**2240**
煤炭开采和洗选业	1	0	0	1	0	20	0	0
石油和天然气开采业	2764	205	691	1868	0	4322	2764	1433
非金属矿采选业	1095	94	10	991	0	141	1180	625
开采专业及辅助性活动	236	236	0	0	0	211	181	181
制造业	**60340**	**5278**	**2762**	**30343**	**19383**	**77042**	**85636**	**76799**
农副食品加工业	0	0	0	0	0	415	1637	1637
食品制造业	137	0	23	114	0	312	563	530
酒、饮料和精制茶制造业	26	0	0	26	0	121	19	19
纺织业	0	0	0	0	0	44	496	496
木材加工和木、竹、藤、棕、草制品业	0	0	0	0	0	23	0	0
家具制造业	0	0	0	0	0	86	3986	3986
造纸和纸制品业	14	0	0	0	0	118	27	0
印刷和记录媒介复制业	0	0	0	0	0	18	4	4
文教、工美、体育和娱乐用品制造业	0	0	0	0	0	5	0	0
石油、煤炭及其他燃料加工业	0	0	0	0	0	88	27	16
化学原料和化学制品制造业	2170	418	172	20	1556	3193	4746	3379
医药制造业	11001	2993	185	7405	388	4876	9174	9024
化学纤维制造业	0	0	0	0	0	1	0	0
橡胶和塑料制品业	4	0	4	0	0	799	2899	2584
非金属矿物制品业	86	16	5	66	0	260	711	696
黑色金属冶炼和压延加工业	0	0	0	0	0	354	4233	3457
有色金属冶炼和压延加工业	0	0	0	0	0	56	822	662
金属制品业	710	10	23	677	0	420	1791	1788
通用设备制造业	413	4	67	246	0	1024	5181	2894

表 6-6　国家级高新技术企业科技活动经费情况（2018 年）（续二）

单位：万元

项目	科技活动经费支出	人员人工费	直接投入费用	折旧费用与长期待摊费用	无形资产摊销费用	设计费用	装备调试费用与试验费用
专用设备制造业	85304	35591	26942	3678	2263	539	6747
汽车制造业	38065	16451	12726	2664	73	4820	221
铁路、船舶、航空航天和其他运输设备制造业	105575	30134	17913	979	186	2840	1857
电气机械和器材制造业	95400	27922	53135	4369	202	138	7720
计算机、通信和其他电子设备制造业	309648	135330	91496	17037	8347	10787	2039
仪器仪表制造业	20781	11751	5909	918	205	109	429
其他制造业	5516	2304	2266	429	184	36	65
废弃资源综合利用业	1308	512	382	344	45	0	0
金属制品、机械和设备修理业	2324	1668	414	184	0	0	9
电力、热力、燃气及水生产和供应业	**33255**	**8175**	**23271**	**1317**	**48**	**3**	**86**
电力、热力生产和供应业	13462	5206	6892	1110	41	1	60
燃气生产和供应业	16249	1693	14354	148	0	0	0
水的生产和供应业	3544	1277	2024	59	7	2	27
建筑业	**409970**	**88210**	**283653**	**14704**	**155**	**2550**	**7861**
房屋建筑业	75257	19966	53838	118	0	8	8
土木工程建筑业	286428	49444	203127	13938	110	2320	7815
建筑安装业	44101	16802	24965	462	37	120	38
建筑装饰、装修和其他建筑业	4183	1998	1723	187	8	102	0
批发和零售业	**14025**	**7134**	**2117**	**472**	**1013**	**301**	**275**
批发业	8926	3388	1756	413	968	177	154
零售业	5099	3746	361	59	45	125	121
交通运输、仓储和邮政业	**28439**	**19492**	**4224**	**4020**	**21**	**0**	**0**
道路运输业和邮政业	2963	841	1547	1194	19	0	0
水上运输业	8663	6063	814	1438	0	0	0
航空运输业	3001	2927	0	74	0	0	0
多式联运和运输代理业	1403	1237	127	1	0	0	0
装卸搬运和仓储业	11759	8425	1735	1313	2	0	0

续表

项目	委托外单位开展科技活动的经费支出	#委托境内研究机构	#委托境内高等学校	#委托境内企业	#委托境外机构	其他费用	当年形成用于科技活动的固定资产支出	#仪器和设备
专用设备制造业	6545	933	526	2277	402	2998	5530	4912
汽车制造业	64	45	0	19	0	1046	2550	1668
铁路、船舶、航空航天和其他运输设备制造业	1724	330	186	593	611	49940	5877	4183
电气机械和器材制造业	287	61	16	61	150	1628	6926	6704
计算机、通信和其他电子设备制造业	36445	446	1462	18347	16184	8165	27560	27458
仪器仪表制造业	642	22	26	490	92	818	669	491
其他制造业	71	0	69	2	0	161	50	50
废弃资源综合利用业	1	0	0	1	0	24	0	0
金属制品、机械和设备修理业	0	0	0	0	0	48	159	159
电力、热力、燃气及水生产和供应业	**16**	**0**	**8**	**9**	**0**	**338**	**2396**	**773**
电力、热力生产和供应业	16	0	8	9	0	137	1909	308
燃气生产和供应业	0	0	0	0	0	54	4	4
水的生产和供应业	0	0	0	0	0	147	484	462
建筑业	**1694**	**75**	**464**	**1155**	**0**	**11143**	**5284**	**5031**
房屋建筑业	0	0	0	0	0	1320	596	596
土木工程建筑业	1519	75	460	984	0	8154	4222	4198
建筑安装业	113	0	4	109	0	1566	460	233
建筑装饰、装修和其他建筑业	62	0	0	62	0	104	6	4
批发和零售业	**2390**	**1**	**0**	**989**	**0**	**323**	**163**	**92**
批发业	1778	1	0	377	0	293	134	63
零售业	612	0	0	612	0	30	29	29
交通运输、仓储和邮政业	**497**	**0**	**0**	**497**	**0**	**184**	**882**	**882**
道路运输业和邮政业	0	0	0	0	0	12	0	0
水上运输业	315	0	0	315	0	34	882	882
航空运输业	0	0	0	0	0	0	0	0
多式联运和运输代理业	0	0	0	0	0	37	0	0
装卸搬运和仓储业	182	0	0	182	0	101	0	0

表 6-6　国家级高新技术企业科技活动经费情况（2018 年）（续三）

单位：万元

项目	科技活动经费支出	人员人工费	直接投入费用	折旧费用与长期待摊费用	无形资产摊销费用	设计费用	装备调试费用与试验费用
邮政业	650	619	0	3	19	0	0
信息传输、软件和信息技术服务业	**437426**	**287314**	**99063**	**11580**	**10104**	**841**	**1028**
电信、广播电视和卫星传输服务	4636	3038	1251	1	0	0	0
互联网和相关服务	70488	61154	2092	4611	191	13	2
软件和信息技术服务业	362302	223122	95720	6968	9912	828	1026
租赁和商务服务业	**1492**	**794**	**393**	**164**	**17**	**5**	**0**
商务服务业	1492	794	393	164	17	5	0
科学研究和技术服务业	**246248**	**129665**	**65670**	**16140**	**3066**	**2842**	**2178**
研究和试验发展	45027	22616	12995	4632	69	101	143
专业技术服务业	192024	102156	50179	11110	2486	2659	1885
科技推广和应用服务业	9196	4894	2496	397	511	81	149
水利、环境和公共设施管理业	**10507**	**5388**	**4267**	**369**	**7**	**71**	**2**
水利管理业	9	8	0	0	0	0	0
生态保护和环境治理业	5451	2972	2140	262	7	21	2
公共设施管理业	5047	2408	2126	107	0	50	0
居民服务、修理和其他服务业	**1239**	**969**	**157**	**14**	**0**	**0**	**47**
其他服务业	1239	969	157	14	0	0	47
教育	**25**	**25**	**0**	**0**	**0**	**0**	**0**
教育	25	25	0	0	0	0	0
卫生和社会工作	**3823**	**761**	**2389**	**158**	**0**	**0**	**0**
卫生	3823	761	2389	158	0	0	0
文化、体育和娱乐业	**7032**	**3831**	**2419**	**310**	**36**	**0**	**0**
广播、电视、电影和影视录音制作业	6795	3596	2419	310	36	0	0
文化艺术业	238	235	0	0	0	0	0

续表

项目	委托外单位开展科技活动的经费支出	#委托境内研究机构	#委托境内高等学校	#委托境内企业	#委托境外机构	其他费用	当年形成用于科技活动的固定资产支出	#仪器和设备
邮政业	0	0	0	0	0	9	0	0
信息传输、软件和信息技术服务业	**14984**	**1360**	**159**	**11541**	**86**	**12513**	**14802**	**9587**
电信、广播电视和卫星传输服务	0	0	0	0	0	346	0	0
互联网和相关服务	1878	1	0	1805	0	547	577	564
软件和信息技术服务业	13106	1359	159	9735	86	11620	14225	9022
租赁和商务服务业	**110**	**0**	**0**	**110**	**0**	**9**	**100**	**100**
商务服务业	110	0	0	110	0	9	100	100
科学研究和技术服务业	**16818**	**2050**	**2371**	**8905**	**2738**	**9869**	**27331**	**14264**
研究和试验发展	2150	189	1	1411	0	2321	13997	3170
专业技术服务业	14444	1861	2365	7351	2738	7105	11965	9735
科技推广和应用服务业	224	0	5	143	0	443	1369	1359
水利、环境和公共设施管理业	**181**	**166**	**0**	**0**	**0**	**222**	**514**	**460**
水利管理业	0	0	0	0	0	1	0	0
生态保护和环境治理业	0	0	0	0	0	47	509	455
公共设施管理业	181	166	0	0	0	174	5	5
居民服务、修理和其他服务业	**0**	**0**	**0**	**0**	**0**	**53**	**5**	**5**
其他服务业	0	0	0	0	0	53	5	5
卫生和社会工作	**0**	**0**	**0**	**0**	**0**	**515**	**0**	**0**
卫生	0	0	0	0	0	515	0	0
文化、体育和娱乐业	**176**	**0**	**0**	**176**	**0**	**262**	**956**	**845**
广播、电视、电影和影视录音制作业	176	0	0	176	0	259	956	845
文化艺术业	0	0	0	0	0	2	0	0

表 6-7　国家级高新技术企业科技项目情况（2018 年）

项目	项目数（项）	参加项目人员（人）	项目折合全时人员（人年）	项目经费支出（万元）
合计	**14580**	**105999**	**50263.4**	**2283249.3**
一、按企业规模分				
大型	3816	42739	20141.0	1133075.3
中型	2448	22073	11696.4	561602.4
小型	5949	33562	15749.1	532318.6
微型	2367	7625	2676.8	56253.1
二、按登记注册类型分				
内资企业	**13292**	**93093**	**42426.4**	**1884398.8**
国有企业	2645	24278	9146.7	444439.2
集体企业	17	109	34.4	405.0
股份合作企业	58	437	180.8	3018.0
联营企业	3	15	3.3	55.2
国有联营企业	1	9	0.3	54.2
其他联营企业	2	6	3.0	1.0
有限责任公司	4483	31030	15663.9	822456.0
国有独资公司	505	3771	2179.5	150755.3
其他有限责任公司	3978	27259	13484.4	671700.6
股份有限公司	1939	15525	7740.2	409020.0
私营企业	4070	21197	9366.8	198603.9
私营独资企业	149	623	268.6	10726.2
私营合伙企业	36	126	59.3	530.0
私营有限责任公司	3456	18272	7953.1	161994.3
私营股份有限公司	429	2176	1085.9	25353.3
其他企业	77	502	290.4	6401.8
港澳台商投资企业	**516**	**6053**	**4058.1**	**201713.6**
与港澳台商合资经营企业	224	2613	1209.6	37528.5
港澳台商独资经营企业及其他港澳台商投资企业	292	3440	2848.5	164185.0

表 6-7 国家级高新技术企业科技项目情况（2018 年）（续一）

项目	项目数（项）	参加项目人员（人）	项目折合全时人员（人年）	项目经费支出（万元）
外商投资企业	**772**	**6853**	**3778.9**	**197136.9**
中外合资经营企业	380	2256	1290.1	64647.3
中外合作经营企业	6	21	12.0	1908.8
外资企业	370	4498	2443.0	129425.1
外商投资股份有限公司	9	63	26.2	331.0
其他外商投资企业	7	15	7.7	824.8
三、按国民经济行业分				
农、林、牧、渔业	**103**	**351**	**132.8**	**3694.6**
农业	21	89	36.0	603.2
畜牧业	4	34	15.6	304.7
渔业	6	26	5.4	59.0
农、林、牧、渔专业及辅助性活动	72	202	75.8	2727.7
采矿业	**585**	**3995**	**1896.8**	**84781.8**
煤炭开采和洗选业	7	41	15.5	294.1
石油和天然气开采业	467	3161	1406.3	72027.9
非金属矿采选业	60	541	280.7	8871.7
开采专业及辅助性活动	51	252	194.3	3588.0
制造业	**6131**	**41675**	**22879.0**	**1026613.8**
农副食品加工业	49	217	173.9	7320.7
食品制造业	97	515	354.2	8847.4
酒、饮料和精制茶制造业	35	135	58.3	2616.8
纺织业	31	246	120.5	2820.5
木材加工和木、竹、藤、棕、草制品业	3	18	16.3	1068.8
家具制造业	45	664	24.9	3684.9
造纸和纸制品业	40	220	133.5	2839.1
印刷和记录媒介复制业	35	272	130.3	4493.6
文教、工美、体育和娱乐用品制造业	23	44	9.7	365.0
石油、煤炭及其他燃料加工业	59	280	211.6	15397.7
化学原料和化学制品制造业	590	3401	2009.8	146235.4

表 6-7　国家级高新技术企业科技项目情况（2018 年）（续二）

项目	项目数（项）	参加项目人员（人）	项目折合全时人员（人年）	项目经费支出（万元）
医药制造业	428	3196	1698.2	63733.7
化学纤维制造业	4	5	5.0	82.6
橡胶和塑料制品业	250	1229	631.9	27537.1
非金属矿物制品业	144	620	364.9	12345.8
黑色金属冶炼和压延加工业	51	567	290.0	20733.5
有色金属冶炼和压延加工业	44	575	153.5	6183.6
金属制品业	213	1236	725.0	24170.5
通用设备制造业	481	3127	1721.5	35608.9
专用设备制造业	1090	5845	2578.2	82908.7
汽车制造业	236	1957	1281.3	37927.6
铁路、船舶、航空航天和其他运输设备制造业	299	3001	1874.6	104280.4
电气机械和器材制造业	492	3001	1644.3	94994.7
计算机、通信和其他电子设备制造业	738	8097	5148.6	290928.6
仪器仪表制造业	548	2585	1139.6	20421.6
其他制造业	53	308	161.1	5474.5
废弃资源综合利用业	13	65	40.6	1272.3
金属制品、机械和设备修理业	40	249	177.9	2319.9
电力、热力、燃气及水生产和供应业	**138**	**896**	**475.3**	**31596.8**
电力、热力生产和供应业	68	371	234.5	12322.5
燃气生产和供应业	12	134	134.0	16249.2
水的生产和供应业`	58	391	106.8	3025.1
建筑业	**1309**	**10572**	**6054.0**	**409480.5**
房屋建筑业	212	2918	1741.3	75257.3
土木工程建筑业	758	5455	2987.3	286133.6
建筑安装业	256	1801	1144.8	44008.9
建筑装饰、装修和其他建筑业	83	398	180.5	4080.8
批发和零售业	**324**	**1462**	**566.9**	**13445.6**
批发业	242	819	300.7	8707.3
零售业	82	643	266.2	4738.3

表 6-7　国家级高新技术企业科技项目情况（2018 年）（续三）

项目	项目数（项）	参加项目人员（人）	项目折合全时人员（人年）	项目经费支出（万元）
交通运输、仓储和邮政业	**219**	**1933**	**827.6**	**28332.7**
道路运输业和邮政业	20	375	25.1	3613.2
水上运输业	56	520	207.1	8663.4
航空运输业	17	328	141.6	3000.8
多式联运和运输代理业	28	126	83.3	1402.1
装卸搬运和仓储业	98	584	370.5	11653.3
信息传输、软件和信息技术服务业	**2611**	**19329**	**9629.4**	**423363.3**
电信、广播电视和卫星传输服务	18	197	58.3	4289.1
互联网和相关服务	234	2443	1604.1	69086.0
软件和信息技术服务业	2359	16689	7967.1	349988.3
租赁和商务服务业	**32**	**112**	**55.0**	**1473.2**
商务服务业	32	112	55.0	1473.2
科学研究和技术服务业	**2849**	**23805**	**7038.6**	**238290.9**
研究和试验发展	594	3778	1561.8	44156.7
专业技术服务业	1929	18682	4936.1	185565.8
科技推广和应用服务业	326	1345	540.7	8568.4
水利、环境和公共设施管理业	**157**	**854**	**380.6**	**10080.8**
水利管理业	25	75	1.8	8.9
生态保护和环境治理业	106	583	193.0	5316.2
公共设施管理业	26	196	185.8	4755.7
居民服务、修理和其他服务业	**49**	**236**	**102.5**	**1218.1**
其他服务业	49	236	102.5	1218.1
教育	**5**	**15**	**5.0**	**25.0**
教育	5	15	5.0	25.0
卫生和社会工作	**15**	**88**	**57.8**	**3823.1**
卫生	15	88	57.8	3823.1
文化、体育和娱乐业	**53**	**676**	**162.2**	**7029.2**
广播、电视、电影和影视录音制作业	51	668	158.3	6793.9
文化艺术业	2	8	3.9	235.3

表 6–8　国家级高新技术企业办科技机构情况（2018 年）

项目	机构数（个）	机构人员合计（人）	机构经费支出（万元）
合计	**486**	**30414**	**908658.6**
一、按企业规模分			
大型	89	19742	615313.2
中型	102	5731	171079.4
小型	211	4577	106150.7
微型	84	364	16115.2
二、按登记注册类型分			
内资企业	**424**	**24077**	**659966.0**
国有企业	54	6780	149484.1
股份合作企业和联营企业	3	91	1027.5
有限责任公司	155	7172	197025.0
国有独资公司	8	985	42241.4
其他有限责任公司	147	6187	154783.5
股份有限公司	74	6878	263139.2
私营企业	135	3130	48119.2
私营独资企业	9	72	1551.8
私营有限责任公司	117	2639	37876.2
私营股份有限公司	9	419	8691.2
其他企业	3	26	1171.1
港澳台商投资企业	**24**	**2935**	**116599.5**
与港澳台商合资经营企业	10	469	11748.1
港澳台商独资经营企业及其他港澳台商投资企业	14	2466	104851.4
外商投资企业	**38**	**3402**	**132093.1**
中外合资经营企业	24	638	31127.8
中外合作经营企业	0	0	0.0
外资企业和其他外商投资企业	14	2764	100965.3
三、按国民经济行业分			
农、林、牧、渔业	**5**	**38**	**476.8**
农业和渔业	3	29	454.1

表 6-8　国家级高新技术企业办科技机构情况（2018 年）（续一）

项目	机构数（个）	机构人员合计（人）	机构经费支出（万元）
农、林、牧、渔专业及辅助性活动	2	9	22.7
采矿业	**6**	**871**	**15071.4**
石油和天然气开采业	2	593	10421.1
非金属矿采选业	2	131	1841.0
开采专业及辅助性活动	2	147	2809.3
制造业	**256**	**15518**	**496233.3**
农副食品加工业	2	102	571.1
食品制造业	7	111	3161.6
酒、饮料和精制茶制造业和纺织业	5	87	1839.8
木材加工和木、竹、藤、棕、草制品业	2	18	347.3
造纸和纸制品业及印刷和记录媒介复制业	2	59	1447.9
石油、煤炭及其他燃料加工业	3	120	1233.4
化学原料和化学制品制造业	35	1640	78537.8
医药制造业	17	1592	23695.1
橡胶和塑料制品业	10	454	10874.9
非金属矿物制品业	5	82	2417.17
黑色金属冶炼和压延加工业及有色金属冶炼和压延加工业	7	193	8240.3
金属制品业	8	446	12093.3
通用设备制造业	18	230	6305.8
专用设备制造业	44	1441	36644.9
汽车制造业	12	812	21293.0
铁路、船舶、航空航天和其他运输设备制造业	11	1195	18915.6
电气机械和器材制造业	17	1303	48735.4
计算机、通信和其他电子设备制造业	28	5023	210758.2
仪器仪表制造业	19	458	5623.1
其他制造业及金属制品、机械和设备修理业	2	129	2855.2
废弃资源综合利用业	2	23	642.3
电力、热力、燃气及水生产和供应业	**7**	**127**	**13978.3**
电力、热力生产和供应业	4	74	1407.9

表 6-8 国家级高新技术企业办科技机构情况（2018 年）（续二）

项目	机构数（个）	机构人员合计（人）	机构经费支出（万元）
燃气生产和供应业及水的生产和供应业	3	53	12570.4
建筑业	**37**	**3154**	**124919.7**
房屋建筑业	6	550	42568.9
土木工程建筑业	16	1933	65893.4
建筑安装业	11	569	15127.5
建筑装饰、装修和其他建筑业	4	102	1329.9
批发和零售业	**19**	**51**	**448.6**
批发业	16	45	253.4
零售业	3	6	195.2
交通运输、仓储和邮政业	**2**	**45**	**3267.6**
道路运输业及装卸搬运和仓储业	2	45	3267.6
信息传输、软件和信息技术服务业	**66**	**3010**	**81206.8**
互联网和相关服务	2	1150	32526.1
软件和信息技术服务业	64	1860	48680.7
科学研究和技术服务业	**76**	**7475**	**168703.3**
研究和试验发展	22	606	10384.2
专业技术服务业	41	6714	156517.0
科技推广和应用服务业	13	155	1802.2
水利、环境和公共设施管理业	**6**	**107**	**4121.3**
生态保护和环境治理业	4	45	1145.3
公共设施管理业	2	62	2976.0
居民服务、修理和其他服务业与文化、体育和娱乐业	**6**	**18**	**231.5**
居民服务、修理和其他服务业与文化、体育和娱乐业	6	18	231.5

表 6-9 国家级高新技术企业自主知识产权及相关情况（2018 年）

项目	专利申请数（件）	专利所有权转让及许可数（项）	专利所有权转让与许可收入（万元）	发表科技论文数（篇）	拥有注册商标数（件）	形成国家或行业标准数（项）
合计	**11891**	**315**	**13194.0**	**3038**	**7225**	**164**
一、按企业规模分						
大型	2738	65	10364.1	1831	784	48
中型	2100	49	4.6	693	1731	37
小型	4999	124	2817.1	468	3652	76
微型	2054	77	8.2	46	1058	3
二、按登记注册类型分						
内资企业	**10739**	**287**	**13194.0**	**2998**	**6354**	**144**
国有企业	2166	92	9978.9	1454	151	42
集体企业	0	0	0	0	2	0
股份合作企业	62	0	0.0	2	23	2
联营企业	5	0	0.0	0	0	0
其他联营企业	5	0	0.0	0	0	0
有限责任公司	3336	81	840.9	782	1934	31
国有独资公司	392	0	0.0	150	76	2
其他有限责任公司	2944	81	840.9	632	1858	29
股份有限公司	1490	53	2364.6	678	1984	51
私营企业	3614	61	9.6	79	2202	18
私营独资企业	134	0	0.0	9	106	5
私营合伙企业	10	0	0.0	4	2	0
私营有限责任公司	3178	56	7.4	53	1919	13
私营股份有限公司	292	5	2.2	13	175	0
其他企业	66	0	0.0	3	58	0
港澳台商投资企业	**462**	**8**	**0.0**	**16**	**322**	**9**
与港澳台商合资经营企业	212	3	0.0	12	257	6
港澳台商独资经营企业及其他港澳台商投资企业	250	5	0.0	4	65	3

表 6-9　国家级高新技术企业自主知识产权及相关情况（2018 年）（续一）

项目	专利申请数（件）	专利所有权转让及许可数（项）	专利所有权转让与许可收入（万元）	发表科技论文数（篇）	拥有注册商标数（件）	形成国家或行业标准数（项）
外商投资企业	**690**	**20**	**0.0**	**24**	**549**	**11**
中外合资经营企业	314	1	0.0	20	331	11
中外合作经营企业	1	0	0.0	0	1	0
外资企业	367	19	0.0	4	207	0
外商投资股份有限公司	3	0	0.0	0	10	0
其他外商投资企业	5	0	0.0	0	0	0
三、按国民经济行业分						
农、林、牧、渔业	**187**	**9**	**3.0**	**53**	**219**	**2**
农业	11	1	0.0	2	24	0
畜牧业	2	0	0.0	1	41	0
渔业	12	0	0.0	0	2	0
农、林、牧、渔专业及辅助性活动	162	8	3.0	50	152	2
采矿业	**377**	**0**	**0.0**	**262**	**109**	**10**
石油和天然气开采业	325	0	0.0	169	37	10
非金属矿采选业	40	0	0.0	52	64	0
开采专业及辅助性活动	12	0	0.0	41	8	0
制造业	**6161**	**122**	**2044.6**	**453**	**4902**	**69**
农副食品加工业	19	0	0.0	3	123	0
食品制造业	91	0	0.0	9	298	1
酒、饮料和精制茶制造业	18	0	0.0	0	32	0
纺织业	83	0	0.0	1	141	0
木材加工和木、竹、藤、棕、草制品业	8	0	0.0	0	1	0
造纸和纸制品业	58	0	0.0	0	30	3
印刷和记录媒介复制业	14	0	0.0	0	6	0
文教、工美、体育和娱乐用品制造业	21	0	0.0	0	0	0
石油、煤炭及其他燃料加工业	54	0	0.0	0	1	0

表 6-9　国家级高新技术企业自主知识产权及相关情况（2018 年）（续二）

项目	专利申请数（件）	专利所有权转让及许可数（项）	专利所有权转让与许可收入（万元）	发表科技论文数（篇）	拥有注册商标数（件）	形成国家或行业标准数（项）
化学原料和化学制品制造业	440	2	387.0	67	604	17
医药制造业	237	11	0.6	41	613	6
橡胶和塑料制品业	297	0	0.0	6	239	3
非金属矿物制品业	216	0	0.0	6	70	5
黑色金属冶炼和压延加工业	44	0	0.0	0	24	0
有色金属冶炼和压延加工业	33	19	0.0	2	16	4
金属制品业	242	0	0.0	31	173	1
通用设备制造业	448	3	3.0	9	325	3
专用设备制造业	1027	6	0.0	74	917	3
汽车制造业	414	1	2.2	3	91	1
铁路、船舶、航空航天和其他运输设备制造业	568	14	0.0	108	226	0
电气机械和器材制造业	567	16	1650.0	36	112	6
计算机、通信和其他电子设备制造业	726	30	0.0	32	479	5
仪器仪表制造业	441	14	1.8	25	229	7
其他制造业	69	0	0.0	0	38	1
废弃资源综合利用业	6	0	0.0	0	64	2
金属制品、机械和设备修理业	20	6	0.0	0	50	1
电力、热力、燃气及水生产和供应业	**124**	**0**	**0.0**	**21**	**4**	**1**
电力、热力生产和供应业	61	0	0.0	8	0	0
燃气生产和供应业	5	0	0.0	0	0	0
水的生产和供应业	58	0	0.0	13	4	1
建筑业	**1225**	**11**	**0.8**	**509**	**92**	**8**
房屋建筑业	252	0	0.0	70	0	3
土木工程建筑业	675	0	0.0	360	20	3
建筑安装业	261	8	0.8	77	34	2
建筑装饰、装修和其他建筑业	37	3	0.0	2	38	0

表 6-9 国家级高新技术企业自主知识产权及相关情况（2018 年）（续三）

项目	专利申请数（件）	专利所有权转让及许可数（项）	专利所有权转让与许可收入（万元）	发表科技论文数（篇）	拥有注册商标数（件）	形成国家或行业标准数（项）
批发和零售业	**268**	**21**	**1.4**	**4**	**185**	**0**
批发业	215	21	1.4	4	38	0
零售业	53	0	0.0	0	147	0
交通运输、仓储和邮政业	**109**	**1**	**0.0**	**28**	**0**	**0**
道路运输业	2	0	0.0	0	0	0
水上运输业	36	0	0.0	4	0	0
航空运输业	11	0	0.0	0	0	0
多式联运和运输代理业	11	1	0.0	1	0	0
装卸搬运和仓储业	44	0	0.0	23	0	0
邮政业	5	0	0.0	0	0	0
信息传输、软件和信息技术服务业	**1072**	**53**	**0.0**	**74**	**712**	**35**
互联网和相关服务	153	9	0.0	0	49	0
软件和信息技术服务业	919	44	0.0	74	663	35
租赁和商务服务业	**34**	**0**	**0.0**	**0**	**0**	**0**
商务服务业	34	0	0.0	0	0	0
科学研究和技术服务业	**2086**	**97**	**11144.2**	**1625**	**926**	**38**
研究和试验发展	596	16	0.0	658	148	15
专业技术服务业	1176	81	11144.2	917	521	23
科技推广和应用服务业	314	0	0.0	50	257	0
水利、环境和公共设施管理业	**212**	**1**	**0.0**	**8**	**46**	**1**
水利管理业	25	0	0.0	0	0	0
生态保护和环境治理业	150	0	0.0	3	30	0
公共设施管理业	37	1	0.0	5	16	1
居民服务、修理和其他服务业	**5**	**0**	**0.0**	**1**	**3**	**0**
其他服务业	5	0	0.0	1	3	0
卫生和社会工作	**8**	**0**	**0.0**	**0**	**0**	**0**
卫生	8	0	0.0	0	0	0
文化、体育和娱乐业	**23**	**0**	**0.0**	**0**	**27**	**0**
广播、电视、电影和影视录音制作业	23	0	0.0	0	27	0

表 6-10 国家级高新技术企业新产品生产及销售情况（2018 年）

单位：万元

项目	新产品产值	新产品销售收入	
			# 出口
合计	**14354391.7**	**14787747.0**	**2476181.8**
一、按企业规模分			
大型	8018483.1	8394963.1	1714794.3
中型	4011122.4	4007113.3	420263.1
小型	2077788.8	2138716.9	338779.0
微型	246997.4	246953.8	2345.5
二、按登记注册类型分			
内资企业	**11393286.9**	**11753401.1**	**922390.2**
国有企业	1341393.0	1381701.3	9234.1
集体企业	2034.6	1948.7	0.0
股份合作企业	34201.4	31625.7	645.7
联营企业	0.0	7.0	0.0
其他联营企业	0.0	7.0	0.0
有限责任公司	5981073.6	5855101.4	407807.6
国有独资公司	989938.7	986133.7	40441.6
其他有限责任公司	4991134.9	4868967.7	367366.0
股份有限公司	3141635.2	3643839.9	388433.2
私营企业	891208.2	838132.0	116269.7
私营独资企业	8394.4	8326.2	183.1
私营合伙企业	172.4	127.2	0.0
私营有限责任公司	730480.9	703559.7	106779.5
私营股份有限公司	152160.5	126118.9	9307.1
其他企业	1740.9	1045.1	0.0
港澳台商投资企业	**1342169.6**	**1426833.1**	**520978.9**
与港澳台商合资经营企业	324400.3	340392.4	14407.3
港澳台商独资经营企业及其他港澳台商投资企业	1017769.3	1086440.7	506571.6
外商投资企业	**1618935.2**	**1607512.8**	**1032812.7**
中外合资经营企业	342034.48	347569.6	17869.9

表 6-10　国家级高新技术企业新产品生产及销售情况（2018 年）（续一）

单位：万元

项目	新产品产值	新产品销售收入	
			# 出口
外资企业	1276717.1	1259833.5	1014942.9
外商投资股份有限公司	183.6	109.7	0.0
三、按国民经济行业分			
农、林、牧、渔业	**7971.5**	**7842.0**	**3.0**
农业	691.6	691.6	0.0
畜牧业	4146.2	4146.2	0.0
渔业	71.0	71.0	3.0
农、林、牧、渔专业及辅助性活动	3062.7	2933.2	0.0
采矿业	**639736.9**	**629370.0**	**2830.4**
石油和天然气开采业	506955.4	506955.4	2700.5
非金属矿采选业	124746.9	114465.9	129.9
开采专业及辅助性活动	8034.6	7948.7	0.0
制造业	**9545024.2**	**9700284.5**	**2317080.9**
农副食品加工业	96094.0	97901.6	22353.2
食品制造业	63669.4	70435.7	29190.7
酒、饮料和精制茶制造业	26124.3	33102.9	50.0
纺织业	11855.3	9198.9	63.7
木材加工和木、竹、藤、棕、草制品业	15.0	10.0	0.0
家具制造业	17641.1	18298.9	0.0
造纸和纸制品业	20013.2	20031.9	0.0
印刷和记录媒介复制业	51639.5	51063.9	1509.7
石油、煤炭及其他燃料加工业	121283.0	130021.9	0.0
化学原料和化学制品制造业	2167123.2	2195701.5	122135.5
医药制造业	322993.5	327448.2	128415.5
橡胶和塑料制品业	339984.0	356231.0	1828.9
非金属矿物制品业	49796.8	49673.1	213.3
黑色金属冶炼和压延加工业	197373.1	184648.3	13805.4
有色金属冶炼和压延加工业	94693.1	93490.8	10606.8
金属制品业	383000.4	404682.5	20305.9

表 6-10 国家级高新技术企业新产品生产及销售情况（2018 年）（续二）

单位：万元

项目	新产品产值	新产品销售收入	# 出口
通用设备制造业	261393.9	241432.0	22056.4
专用设备制造业	540182.0	630642.0	123637.5
汽车制造业	361552.8	372700.7	39814.4
铁路、船舶、航空航天和其他运输设备制造业	386144.2	383378.0	43903.1
电气机械和器材制造业	962387.6	964061.4	170201.5
计算机、通信和其他电子设备制造业	2879824.7	2892935.5	1561914.6
仪器仪表制造业	70483.6	61167.5	5074.8
其他制造业	119462.2	111732.2	0.0
废弃资源综合利用业	114.2	114.2	0.0
金属制品、机械和设备修理业	180.0	180.0	0.0
电力、热力、燃气及水生产和供应业	**546224.5**	**480259.7**	**0.0**
电力、热力生产和供应业	227624.0	161780.2	0.0
燃气生产和供应业	317721.7	317721.7	0.0
水的生产和供应业`	878.8	757.9	0.0
建筑业	**3184626.6**	**3155369.4**	**75583.0**
房屋建筑业	140890.2	140890.2	0.0
土木工程建筑业	2704233.8	2674393.8	0.0
建筑安装业	339502.6	340085.5	75583.0
批发和零售业	**2971.3**	**25218.0**	**56.0**
批发业	2897.9	3857.0	56.0
零售业	73.3	21360.9	0.0
交通运输、仓储和邮政业	**58577.1**	**110534.1**	**0.0**
道路运输业	15398.2	15398.2	0.0
装卸搬运和仓储业	43178.9	95135.9	0.0
信息传输、软件和信息技术服务业	**285244.0**	**208812.9**	**75478.9**
电信、广播电视和卫星传输服务	0.0	0.0	0.0
互联网和相关服务	617.6	617.6	0.0
软件和信息技术服务业	284626.4	208195.3	75478.9

表 6–10　国家级高新技术企业新产品生产及销售情况（2018 年）（续三）

单位：万元

项目	新产品产值	新产品销售收入	
			# 出口
租赁和商务服务业	**0.0**	**1351.7**	**0.0**
商务服务业	0.0	1351.7	0.0
科学研究和技术服务业	**67099.0**	**451558.2**	**5149.6**
研究和试验发展	11679.6	11671.2	778.1
专业技术服务业	54364.1	437956.9	4295.6
科技推广和应用服务业	1055.3	1930.1	75.9
水利、环境和公共设施管理业	**5842.5**	**6072.3**	**0.0**
生态保护和环境治理业	5842.5	6072.3	0.0
居民服务、修理和其他服务业	**968.2**	**968.2**	**0.0**
其他服务业	968.2	968.2	0.0
文化、体育和娱乐业	**10106.1**	**10106.1**	**0.0**
广播、电视、电影和影视录音制作业	10106.1	10106.1	0.0

表 6-11　国家级高新技术企业政府相关政策落实情况（2018 年）

单位：万元

项目	享受高新技术企业所得税减免	研究开发费用加计扣除减免税	技术转让所得税减免
合计	**229002.3**	**75103.3**	**378.5**
一、按企业规模分			
大型	107948.5	38032.2	40.5
中型	70591.1	19049.0	0.0
小型	43263.0	17095.8	337.7
微型	7199.7	926.3	0.3
二、按登记注册类型分			
内资企业	**143658.0**	**64074.5**	**378.5**
国有企业	30560.2	8080.5	40.8
集体企业	101.6	0.0	0.0
股份合作企业	197.8	83.6	0.0
有限责任公司	67515.2	26384.1	60.0
国有独资公司	9492.6	2038.5	0.0
其他有限责任公司	58022.6	24345.5	60.0
股份有限公司	25704.4	24722.5	277.4
私营企业	19039.6	4645.4	0.3
私营独资企业	577.7	278.4	0.0
私营合伙企业	0.8	1.2	0.0
私营有限责任公司	16609.8	3673.1	0.3
私营股份有限公司	1851.3	692.7	0.0
其他企业	539.2	158.5	0.0
港澳台商投资企业	**49263.8**	**6466.2**	**0.0**
与港澳台商合资经营企业	7037.1	2154.5	0.0
港澳台商独资经营企业及其他港澳台商投资企业	42226.7	4311.7	0.0
外商投资企业	**36080.5**	**4562.6**	**0.0**
中外合资经营企业	10681.6	1727.4	0.0
外资企业	25388.5	2629.2	0.0

表 6-11　国家级高新技术企业政府相关政策落实情况（2018 年）（续一）

单位：万元

项目	享受高新技术企业所得税减免	研究开发费用加计扣除减免税	技术转让所得税减免
外商投资股份有限公司	0.0	200.2	0.0
其他外商投资企业	10.4	5.8	0.0
三、按国民经济行业分			
农、林、牧、渔业	**42.7**	**76.9**	**0.0**
农业	41.8	72.5	0.0
农、林、牧、渔专业及辅助性活动	0.9	4.4	0.0
采矿业	**424.0**	**1119.9**	**0.0**
煤炭开采和洗选业	138.7	0.0	0.0
石油和天然气开采业	0.0	88.6	0.0
非金属矿采选业	0.0	600.0	0.0
开采专业及辅助性活动	285.3	431.3	0.0
制造业	**97131.5**	**44872.3**	**277.4**
农副食品加工业	2823.0	389.4	0.0
食品制造业	644.8	496.7	0.0
酒、饮料和精制茶制造业	798.4	31.6	0.0
纺织业	2.6	0.0	0.0
木材加工和木、竹、藤、棕、草制品业	4.9	0.0	0.0
家具制造业	237.0	0.0	0.0
造纸和纸制品业	6.7	51.6	0.0
印刷和记录媒介复制业	287.6	110.4	0.0
石油、煤炭及其他燃料加工业	386.8	29.8	0.0
化学原料和化学制品制造业	17432.8	3383.3	40.5
医药制造业	2687.1	774.0	0.0
橡胶和塑料制品业	2391.8	984.6	0.0
非金属矿物制品业	2218.2	1198.6	0.0
黑色金属冶炼和压延加工业	2774.3	61.9	0.0
有色金属冶炼和压延加工业	333.7	287.4	0.0
金属制品业	3893.9	287.7	0.0

表 6-11　国家级高新技术企业政府相关政策落实情况（2018 年）（续二）

单位：万元

项目	享受高新技术企业所得税减免	研究开发费用加计扣除减免税	技术转让所得税减免
通用设备制造业	3235.1	1979.6	0.0
专用设备制造业	7073.2	6798.8	0.0
汽车制造业	5163.4	1256.0	0.0
铁路、船舶、航空航天和其他运输设备制造业	2932.3	3293.8	0.0
电气机械和器材制造业	15488.3	13792.9	236.9
计算机、通信和其他电子设备制造业	24051.8	8513.0	0.0
仪器仪表制造业	1781.2	903.4	0.0
其他制造业	89.2	25.3	0.0
废弃资源综合利用业	35.5	72.3	0.0
金属制品、机械和设备修理业	358.1	150.1	0.0
电力、热力、燃气及水生产和供应业	**2811.3**	**1052.2**	**40.8**
电力、热力生产和供应业	486.7	134.0	40.8
燃气生产和供应业	1067.0	743.1	0.0
水的生产和供应业`	1257.6	175.0	0.0
建筑业	**29238.6**	**5646.5**	**0.0**
房屋建筑业	8128.7	951.0	0.0
土木工程建筑业	14552.0	3605.8	0.0
建筑安装业	5874.1	1089.7	0.0
建筑装饰、装修和其他建筑业	683.8	0.0	0.0
批发和零售业	**6916.7**	**320.9**	**0.0**
批发业	739.7	309.3	0.0
零售业	6177.0	11.6	0.0
交通运输、仓储和邮政业	**2255.4**	**450.5**	**0.0**
道路运输业	255.5	180.0	0.0
水上运输业	1184.9	88.0	0.0
航空运输业	0.0	27.2	0.0
装卸搬运和仓储业	518.9	82.1	0.0

表 6-11　国家级高新技术企业政府相关政策落实情况（2018 年）（续三）

单位：万元

项目	享受高新技术企业所得税减免	研究开发费用加计扣除减免税	技术转让所得税减免
邮政业	296.1	73.2	0.0
信息传输、软件和信息技术服务业	**67926.0**	**9318.0**	**60.3**
互联网和相关服务	19630.7	1663.1	0.0
软件和信息技术服务业	48295.2	7654.8	60.3
租赁和商务服务业	**0.2**	**69.5**	**0.0**
商务服务业	0.2	69.5	0.0
科学研究和技术服务业	**19403.6**	**11327.1**	**0.0**
研究和试验发展	2213.8	1409.4	0.0
专业技术服务业	16880.6	9741.9	0.0
科技推广和应用服务业	309.2	175.8	0.0
水利、环境和公共设施管理业	**1171.3**	**177.3**	**0.0**
生态保护和环境治理业	557.8	152.0	0.0
公共设施管理业	613.5	25.3	0.0
居民服务、修理和其他服务业	**472.2**	**15.8**	**0.0**
其他服务业	472.2	15.8	0.0
教育	**0.1**	**0.0**	**0.0**
教育	0.1	0.0	0.0
卫生和社会工作	**305.8**	**614.1**	**0.0**
卫生	305.8	614.1	0.0
文化、体育和娱乐业	**903.1**	**42.6**	**0.0**
广播、电视、电影和影视录音制作业	903.1	42.6	0.0

表 6-12　国家级高新技术企业技术获取和技术改造情况（2018 年）

单位：万元

	技术改造经费支出	引进境外技术经费支出	引进技术的消化吸收经费支出	购买境内技术经费支出
合计	**32780.1**	**547.6**	**1121.3**	**2670.9**
一、按企业规模分				
大型	29210.0	321.3	1116.7	1587.2
中型	1346.3	144.8	0.0	905.6
小型	1784.1	78.7	0.0	161.4
微型	439.8	2.8	4.6	16.7
二、按登记注册类型分				
内资企业	**27331.0**	**532.6**	**4.6**	**2623.5**
国有企业	309.1	0.0	0.0	183.7
股份合作企业	190.0	0.0	0.0	0.0
有限责任公司	3804.0	321.3	0.0	2398.7
国有独资公司	1875.9	321.3	0.0	1625.2
其他有限责任公司	1928.1	0.0	0.0	773.5
股份有限公司	21905.4	78.7	0.0	35.0
私营企业	1103.8	132.6	4.6	6.1
私营独资企业	5.0	0.0	0.0	0.0
私营有限责任公司	776.5	132.6	4.6	6.1
私营股份有限公司	322.3	0.0	0.0	0.0
其他企业	18.8	0.0	0.0	0.0
外商投资企业	**5449.1**	**15.0**	**1116.7**	**47.4**
中外合资经营企业	5388.1	15.0	1116.7	47.4
外资企业	61.0	0.0	0.0	0.0
三、按国民经济行业分				
采矿业	**893.7**	**0.0**	**0.0**	**319.6**
非金属矿采选业	893.7	0.0	0.0	319.6
制造业	**30874.1**	**547.6**	**1121.3**	**2062.3**
农副食品加工业	61.0	0.0	0.0	0.0
食品制造业	500.0	0.0	0.0	0.0

表 6-12　国家级高新技术企业技术获取和技术改造情况（2018 年）（续一）

单位：万元

	技术改造经费支出	引进境外技术经费支出	引进技术的消化吸收经费支出	购买境内技术经费支出
化学原料和化学制品制造业	15173.7	2.8	4.6	0.0
医药制造业	6636.2	78.7	0.0	0.0
橡胶和塑料制品业	296.8	0.0	0.0	0.0
非金属矿物制品业	18.8	0.0	0.0	0.0
金属制品业	320.8	129.8	0.0	0.5
通用设备制造业	43.6	0.0	0.0	0.0
专用设备制造业	98.9	15.0	0.0	119.8
汽车制造业	493.8	0.0	0.0	0.0
铁路、船舶、航空航天和其他运输设备制造业	982.2	321.3	0.0	1267.6
电气机械和器材制造业	5429.0	0.0	1116.7	0.0
计算机、通信和其他电子设备制造业	783.8	0.0	0.0	674.5
仪器仪表制造业	32.7	0.0	0.0	0.0
金属制品、机械和设备修理业	2.9	0.0	0.0	0.0
电力、热力、燃气及水生产和供应业	**187.6**	**0.0**	**0.0**	**0.0**
电力、热力生产和供应业	187.6	0.0	0.0	0.0
建筑业	**495.7**	**0.0**	**0.0**	**0.0**
土木工程建筑业	495.7	0.0	0.0	0.0
批发和零售业	**26.6**	**0.0**	**0.0**	**0.0**
批发业	17.6	0.0	0.0	0.0
零售业	9.0	0.0	0.0	0.0
信息传输、软件和信息技术服务业	**115.0**	**0.0**	**0.0**	**56.4**
互联网和相关服务	10.0	0.0	0.0	2.8
软件和信息技术服务业	105.0	0.0	0.0	53.6
科学研究和技术服务业	**187.5**	**0.0**	**0.0**	**232.6**
专业技术服务业	183.0	0.0	0.0	232.6
科技推广和应用服务业	4.5	0.0	0.0	0.0

天津滨海新区科技统计年鉴 2019　　第七部分

平台建设情况

国家级重点实验室①（17个）

序号	名称	依托单位
1	工业酶国家工程实验室	天津工业生物技术研究所
2	释药技术及药代动力学国家重点实验室	天津药物研究院
3	工业微生物重点实验室	天津科技大学
4	水工构造物检测、诊断与加固技术交通行业重点实验室	交通部天津水运工程科学研究院
5	水路交通环境保护技术交通行业重点实验室	交通部天津水运工程科学研究院
6	工程泥沙重点实验室	交通部天津水运工程科学研究院
7	分子微生物学与技术教育部重点实验室	南开大学泰达学院
8	生物质化学利用工程实验室	天津南开大学蓖麻工程科技有限公司
9	中国石油海洋工程重点实验室	中国石油集团工程技术研究院
10	杂交粳稻遗传育种重点实验室	天津天隆农业科技有限公司
11	泰心－方恩中心实验室	天津市国际生物医药联合研究院
12	“面向新兴产业的大数据处理技术研发与应用”国家地方联合工程实验室	国家超级计算天津中心
13	国家化学与物理电源国防重点实验室	中国电子科技集团公司第十八研究所
14	计算机病毒防治技术国家工程实验室	国家计算机防病毒应急处理中心
15	膜材料与膜应用国家重点实验室	天津膜天膜科技股份有限公司
16	蔬菜种质创新国家重点实验室	天津科润农业科技股份有限公司
17	食品营养与安全重点实验室	天津科技大学

注：①　该清单包括国家重点实验室、国家工程实验室、国家部委级重点实验室。

国家级工程（技术）研究中心（17 个）

序号	名称	依托单位
1	国家工业水处理工程技术研究中心	中海油天津化工研究设计院
2	新型电源国家工程研究中心	中国电子科技集团公司第十八研究所
3	国家工业结晶工程技术研究中心	天津市天大方圆工业结晶工程有限公司
4	精馏技术国家工程研究中心	天津大学
5	计算机防病毒技术国家工程研究中心	国家计算机防病毒应急处理中心
6	食品生物技术工程研究中心	天津科技大学
7	电气传动国家工程研究中心	天津电气传动设计研究院
8	微生物功能基因组与检测技术工程研究中心	南开大学泰达学院
9	国家海水利用工程技术研究中心	天津长芦海晶集团有限公司
10	重型技术装备国家工程研究中心	天津重型装备技术研究有限公司
11	国家粳稻工程技术研究中心	天津天隆农业科技有限公司
12	人工细胞工程技术研究中心	天津市紫波高科技有限公司
13	细胞产品国家工程研究中心	天津昂赛细胞基因工程有限公司
14	国家干细胞工程技术研究中心	中国医学科学院天津血液学研究所
15	中国石油集团技术中心分中心	中国石油集团工程技术研究院技术中心
16	国家锂离子动力电池工程技术研究中心	力神电池股份有限公司
17	中国科学院水声工程研究中心	中国科学院声学研究所

国家级企业技术中心（33个）

序号	名称	序号	名称
1	天津市松正电动汽车技术股份有限公司	18	天津港（集团）有限公司
2	恒银金融科技股份有限公司	19	天津汽车模具股份有限公司
3	天地伟业技术有限公司	20	天津立中集团股份有限公司
4	曙光信息产业股份有限公司	21	天津力神电池股份有限公司
5	中环天仪股份有限公司	22	中材装备集团有限公司
6	天津中环半导体股份有限公司	23	天津赛象科技股份有限公司
7	天津七一二通信广播股份有限公司	24	中材节能股份有限公司
8	天津航空机电有限公司	25	天津瑞普生物技术股份有限公司
9	天津天纺投资控股有限公司	26	凯莱英医药集团（天津）股份有限公司
10	天津海鸥表业集团有限公司	27	中国石油集团渤海钻探工程有限公司
11	天津泰达绿化集团有限公司	28	海洋石油工程股份有限公司
12	中冶天工集团有限公司	29	中海油田服务股份有限公司
13	中国铁建大桥工程局集团有限公司	30	天津灯塔涂料有限公司
14	中交第一航务工程局有限公司	31	天津巴莫科技股份有限公司
15	中交天津航道局有限公司	32	天津膜天膜科技股份有限公司
16	天津港航工程有限公司	33	中国石油集团渤海石油装备制造有限公司
17	中国铁路设计集团有限公司		

国家级科技企业孵化器（15个）

序号	名称	序号	名称
1	天津国际生物医药联合研究院有限公司	9	天津普天企业孵化服务有限公司
2	天津滨海服务外包产业有限公司	10	天津生机企业孵化器有限公司
3	天津泰达国际创业中心	11	天津华鼎科技企业孵化器有限公司
4	天津航空产业开发有限公司	12	天津智慧山企业孵化器有限公司
5	天津海泰企业孵化服务有限公司	13	天津滨海高新技术产业开发区国际创业中心
6	天津火炬鑫茂创业服务有限公司	14	天津生态城产业园运营管理有限公司
7	天津华科企业孵化器服务有限公司	15	天津市聚贤科技孵化器有限公司
8	天津华苑软件园建设发展有限公司		

国家级众创空间（21 个）

序号	名称	序号	名称
1	津京互联科技生态服务平台	12	天津纳吧创业咖啡
2	医脉众创空间	13	天津创客空间
3	创想空间	14	高分众创空间
4	北京大学创业训练营天津基地	15	易・空间众创空间
5	民航科技创业苗圃	16	Think Big 创意空间
6	瑞普生物智创谷	17	高维创业岛
7	创意魔法空间	18	临港科创众创空间
8	凯立达创投咖啡	19	腾讯众创空间（天津）
9	榴莲咖啡众创空间	20	天津科技大学 GENSBOX（玑瑛公社）创新创业服务实践基地
10	天津创元众创发展中心		
11	德人环境共创空间	21	南滨 GENSBOX（玑瑛青年创新公社）众创空间

市级重点实验室（111 个）

序号	名称	依托单位
1	天津市海洋资源与化学重点实验室	天津科技大学
2	天津市制浆造纸重点实验室	天津科技大学
3	天津市工业微生物重点实验室	天津科技大学
4	天津市环境与食品安全风险监控技术重点实验室	军事医学科学院卫生学环境医学研究所
5	天津市新药设计与发现重点实验室	天津药物研究院
6	天津市中药质量控制技术工程实验室	天津药物研究院
7	天津市微生物功能基因组学重点实验室	南开大学泰达学院
8	天津市城市生态环境修复与污染防治重点实验室	南开大学泰达学院
9	天津市薄膜光学重点实验室	中国航天科工集团八三五八研究所
10	天津市工业生物系统与过程工程重点实验室	天津工业生物技术研究所
11	天津市固废处理企业重点实验室	天津泰达环保有限公司
12	天津市铝合金结构材料企业重点实验室	天津立中合金集团有限公司
13	天津市介入医疗器械企业重点实验室	赛诺医疗科学技术有限公司
14	天津市干细胞再生医学转化企业重点实验室	天津和泽干细胞科技有限公司
15	天津市临床分子诊断企业重点实验室	天津华大基因科技有限公司

市级重点实验室（111 个）（续一）

序号	名称	依托单位
16	天津市绿色橡胶助剂企业重点实验室	科迈化工股份有限公司
17	天津纺织化学品企业重点实验室	天津德凯化工股份有限公司
18	天津市免疫分析技术企业重点实验室	天津市协和医药科技集团有限公司
19	天津市海量数据处理技术企业重点实验室	天津神州通用数据技术有限公司
20	天津市糊树脂企业重点实验室	天津渤天化工有限责任公司
21	天津市激光打印技术企业重点实验室	天津光电通信技术有限公司
22	天津市油井管工程企业重点实验室	天津钢管集团股份有限公司
23	天津市阻燃纺织品企业重点实验室	天津天纺投资控股有限公司
24	天津市特种工业防腐涂料企业重点实验室	中远关西涂料化工（天津）有限公司
25	天津市车用功能塑料企业重点实验室	天津金发新材料有限公司
26	天津市分子筛催化材料企业重点实验室	天津众智科技有限公司
27	天津市氟塑料企业重点实验室	天津市天塑科技集团有限公司
28	天津市汽车流体管路系统企业重点实验室	天津鹏翎胶管股份有限公司
29	天津市高品质顺酐企业重点实验室	天津渤化中河化工有限公司
30	天津市水性汽车涂料企业重点实验室	天津科瑞达涂料化工有限公司
31	天津市聚甲醛工程塑料改性企业重点实验室	天津渤化永利化工股份有限公司
32	天津市航空配电系统企业重点实验室	天津航空机电有限公司
33	天津市高分遥感信息技术企业重点实验室	天津中科遥感信息技术有限公司
34	天津市干式变压器企业重点实验室	天津市特变电工变压器有限公司
35	天津市安全防范图像处理与智能控制企业重点实验室	天津市亚安科技股份有限公司
36	天津市云计算应用企业重点实验室	汉柏科技有限公司
37	天津市砷化镓光伏技术企业重点实验室	天津蓝天太阳科技有限公司
38	天津市汽车在线电子控制技术企业重点实验室	天津市优耐特汽车电控技术服务有限公司
39	天津市婚恋亲密关系诊断及智能干预技术企业重点实验室	天津百合信息技术服务有限公司
40	天津市自主可控服务器企业重点实验室	曙光信息产业股份有限公司
41	天津市手性和晶体药物制备技术企业重点实验室	天津药物研究院药业有限责任公司
42	天津市化学药品杂质分析企业重点实验室	天津市汉康医药生物技术有限公司
43	天津市血液灌流技术企业重点实验室	天津市紫波高科技有限公司

市级重点实验室（111 个）（续二）

序号	名称	依托单位
44	天津市呼吸道细菌重组及结合疫苗企业重点实验室	天津康希诺生物技术有限公司
45	天津市长效重组融合蛋白企业重点实验室	天津溥瀛生物技术有限公司
46	天津市眼科诊断设备信息化技术企业重点实验室	天津市索维电子技术有限公司
47	天津市便携式医疗电子设备企业重点实验室	天津九安医疗电子股份有限公司
48	天津市治疗性肿瘤疫苗企业重点实验室	天津百若克医药生物技术有限责任公司
49	天津市药用植物细胞规模培养企业重点实验室	天津艾赛博生物技术有限公司
50	天津市医用药用聚乙二醇高分子材料企业重点实验室	天津键凯科技有限公司
51	天津市数字放射诊断医学影像技术企业重点实验室	邦盛医疗装备（天津）股份有限公司
52	天津市耐高温工业酶企业重点实验室	天津强微特生物科技有限公司
53	天津市细菌性多糖疫苗企业重点实验室	天津生物化学制药有限公司
54	天津市医用检测微流控芯片企业重点实验室	天津微纳芯科技有限公司
55	天津市关节软骨再生医学企业重点实验室	关节动力安达（天津）生物科技有限公司
56	天津市抗肿瘤放射性药物企业重点实验室	天津赛德生物制药有限公司
57	天津市疏浚工程技术企业重点实验室	中交天津航道局有限公司
58	天津市公共安全防范技术企业重点实验室	天津天地伟业物联网技术有限公司
59	天津市海洋石油开发污染防治技术企业重点实验室	中海油能源发展股份有限公司采油服务分公司
60	天津市应急抢险救援堵漏装置企业重点实验室	天津神封科技发展有限公司
61	天津市溢油应急技术企业重点实验室	天津汉海环保设备有限公司
62	天津市景观生态修复企业重点实验室	天津绿茵景观工程有限公司
63	天津市污泥处理及资源化技术企业重点实验室	天津市裕川置业集团有限公司
64	天津市液化天然气加注装备企业重点实验室	天津华迈燃气装备股份有限公司
65	天津市动物药物制剂企业重点实验室	天津瑞普生物技术股份有限公司
66	天津市名优花卉组织培养技术企业重点实验室	天津滨城龙达集团有限公司
67	天津市动物寄生虫病企业重点实验室	天津中敖生物科技有限公司
68	天津市棕榈油资源高效增值技术企业重点实验室	天津聚龙嘉华投资集团有限公司
69	天津市先进锂离子电池材料企业重点实验室	天津巴莫科技股份有限公司
70	天津市水运工程测绘技术企业重点实验室	天津水运工程勘察设计院
71	天津市土木工程绿色建造与节能技术企业重点实验室	中国建筑第六工程局有限公司
72	天津市硅单晶企业重点实验室	天津市环欧半导体材料技术有限公司

市级重点实验室（111个）（续三）

序号	名称	依托单位
73	天津市血液细胞治疗技术企业重点实验室	协和干细胞基因工程有限公司
74	天津市创新药物早期成药性评价企业重点实验室	天津国际生物医药联合研究院有限公司
75	天津市药物绿色合成技术企业重点实验室	凯莱英医药集团（天津）股份有限公司
76	天津市高速铁路无线通信系统企业重点实验室	天津七一二通信广播有限公司
77	天津市安防监控物联网技术企业重点实验室	中星电子股份有限公司
78	天津市发酵调味品企业重点实验室	天津市利民调料有限公司
79	天津市半导体发光二极管芯片企业重点实验室	天津三安光电有限公司
80	天津市医用高分子输注器械与材料企业重点实验室	天津哈娜好医材有限公司
81	天津市智能遥感数据处理技术企业重点实验室	天津航天中为数据系统科技有限公司
82	天津市特种有机光电功能材料企业重点实验室	天津孚信达光电科技有限公司
83	天津市特种功能性聚酯薄膜材料企业重点实验室	天津世起科技发展有限公司
84	天津市饲用微生物制剂企业重点实验室	鼎正动物药业（天津）有限公司
85	天津市汽车轻量化注塑模具企业重点实验室	天津银宝山新科技有限公司
86	天津市港口岩土工程技术重点实验室	中交第一航务工程局有限公司
87	天津市复杂条件钻井液企业重点实验室	中国石油集团渤海钻探工程有限公司
88	天津市大气污染物监测技术企业重点实验室	天津同阳科技发展有限公司
89	天津市汽车钢轧制技术企业重点实验室	天津鞍钢天铁冷轧薄板有限公司
90	天津市航空航天高温合金材料企业重点实验室	天津冶金集团天材科技发展有限公司
91	天津市聚苯乙烯类树脂改性企业重点实验室	天津大沽化工股份有限公司
92	天津市车用汽柴油添加剂企业重点实验室	天津悦泰石化科技有限公司
93	天津市多类型组织信息融合系统企业重点实验室	天津市天房科技发展股份有限公司
94	天津市粉雾吸入药物企业重点实验室	天津信诺制药有限公司
95	天津市中药质量标志物重点实验室	天津药物研究院有限公司
96	天津市卤水化工与资源生态化利用重点实验室	天津科技大学
97	天津市高精密机械手表企业重点实验室	天津航天机电设备研究所
98	天津市互联网电视企业重点实验室	未来电视有限公司
99	天津市大型锻件模锻成形企业重点实验室	天津重型装备工程研究有限公司
100	天津市海底管道企业重点实验室	中海油（天津）管道工程技术有限公司
101	天津市海洋工程先进焊接制造与评价企业重点实验室	海洋石油工程股份有限公司

市级重点实验室（111 个）（续四）

序号	名称	依托单位
102	天津市先进焊接与连接技术企业重点实验室	天津航天长征火箭制造有限公司
103	天津市生物大分子药物企业重点实验室	杰科（天津）生物医药有限公司
104	天津市侵袭性真菌病精准诊断技术企业重点实验室	丹娜（天津）生物科技有限公司
105	天津市细胞药物工程技术企业重点实验室	天津昂赛细胞基因工程有限公司
106	天津市工业微生物企业重点实验室	天津市工业微生物研究所有限公司
107	天津市水下隧道建设与运维技术企业重点实验室	中交第一航务工程局有限公司
108	天津市宇航智能装备技术企业重点实验室	天津航天机电设备研究所
109	天津市工业烟气超低排放技术企业重点实验室	航天环境工程有限公司
110	天津市绿色海水水处理药剂企业重点实验室	天津市中海水处理科技有限公司
111	天津市特膳食品安全与检测关键技术企业重点实验室	谱尼测试科技（天津）有限公司

市级工程中心（93 个）

序号	名称	依托单位
1	天津市工业结晶技术工程中心	天津市天大方圆工业结晶工程有限公司
2	天津市玫瑰种植与深加工技术工程中心	天津食品进出口股份有限公司
3	天津市现代集成制造技术工程中心	天津市鼎成现代集成制造技术工程有限公司
4	天津市水稻技术工程中心	天津天隆农业科技有限公司
5	天津市微纳制造技术工程中心	天津大学
6	天津市膜技术工程中心	天津膜天膜科技股份有限公司
7	天津蔬菜育种技术工程中心	天津科润农业科技股份有限公司
8	天津中新药业中药现代化技术工程中心	天津中新药业集团中心制药厂
9	天津市现代渔业技术工程中心	天津市海发珍品实业发展有限公司
10	天津市机动车尾气催化与净化工程中心	天津市环科机动车技术开发有限公司
11	天津市先进轮胎装备制造工程中心	天津赛象科技股份有限公司
12	天津市花卉技术工程中心	天津大顺花卉技术有限公司
13	天津市快速成形技术工程中心	天津市天大银泰科技有限公司
14	天津市工业微生物工程中心	天津实发中科百奥工业生物技术有限公司

市级工程中心（93 个）（续一）

序号	名称	依托单位
15	天津市先导化合物技术工程中心	天津药明康德新药开发有限公司
16	天津市植物废弃物再利用技术工程中心	天津市尖峰天然产物研究开发有限公司
17	天津市集成电路与计算系统技术工程中心	天津市集成电路设计中心
18	天津市电动车辆研究中心	天津清源电动车辆有限责任公司
19	天津市原料药开发生产技术工程中心	凯莱英医药化学（天津）有限公司
20	天津市污水处理装备与技术工程中心	天津鑫宇环保科技有限公司
21	天津市激光医学技术工程中心	天津滨海华医光电技术有限公司
22	南开大学蓖麻工程研究中心	天津南开大学蓖麻工程科技有限公司
23	天津市废轮胎铺面材料技术工程中心	天津海泰环保科技发展有限公司
24	天津市食品技术工程中心	天津市食品加工工程中心
25	天津市中兽药技术工程中心	天津生机集团股份有限公司
26	天津市数字安防技术工程中心	天津天地伟业数码科技有限公司
27	天津市焊接新材料技术工程中心	天津三英焊业股份有限公司
28	天津市药物制剂技术工程中心	天津药物研究院
29	天津市轨道交通供电系统技术工程中心	天津凯发电气股份有限公司
30	天津市现代纺织技术工程中心	天津纺织工程研究院有限公司
31	天津市动植物检疫处理工程技术中心	天津口岸卫生科技开发服务有限公司
32	天津市盐化工技术工程中心	中盐制盐工程技术研究院
33	天津市金融自助设备技术工程中心	恒银金融科技有限公司
34	天津市眼科医学设备技术工程中心	天津迈达医学科技有限公司
35	天津市沿海滩涂生态重建技术工程中心	天津海林园艺环保科技工程有限公司
36	天津市海洋化工技术工程中心	天津科技大学、长芦海晶集团
37	天津市光引发剂技术工程中心	天津久日化学工业有限公司
38	天津市新能源汽车驱动技术工程中心	天津市松正电动汽车技术股份有限公司
39	天津市数据库技术工程中心	天津南大通用数据技术有限公司
40	天津市信息安全等级保护技术工程中心	天津优扬科技有限公司
41	天津市采油装备技术工程中心	中国石油集团渤海石油装备制造有限公司
42	天津市北斗卫星导航定位技术工程中心	天津七六四通信导航技术有限公司

市级工程中心（93 个）（续二）

序号	名称	依托单位
43	天津市气密检测技术工程中心	博益（天津）气动技术研究所有限公司
44	天津市强度环境可靠性技术工程中心	天津航天瑞莱科技有限公司
45	天津市高分子材料功能助剂技术工程中心	利安隆（天津）化工有限公司
46	天津市电力新能源与智能配用电技术工程中心	天津天大求实电力新技术股份有限公司
47	天津市移动智能终端技术工程中心	展讯通信（天津）有限公司
48	天津市耐磨金属结构材料技术工程中心	天津万立鑫晟新材料技术研究院有限公司
49	天津市污泥处理处置技术工程中心	天津清华德人环境工程有限公司
50	天津市污染场地治理修复技术工程中心	天津生态城环保有限公司
51	天津市海洋石油测井定向井技术工程中心	中海油田服务股份有限公司
52	天津市生物催化技术工程中心	中科院天津工业生物技术研究所
53	天津市药物分离材料及纯化检测技术工程中心	天津市博纳艾杰尔科技有限公司
54	天津市中医工程及医学虚拟技术工程中心	天津市天堰医教科技开发有限公司
55	天津市医学基因组学工程技术中心	天津华大基因科技有限公司
56	天津市盐碱地生态绿化工程中心	天津泰达生态园林发展有限公司
57	天津市分子药物筛选与设计技术工程中心	天津市国际生物医药联合研究院
58	天津市动力和储能电源技术工程中心	天津力神电池股份有限公司
59	天津市财税智能化技术工程中心	天津神州浩天科技有限公司
60	天津市精密级进模具成型技术工程中心	天津市津兆机电开发有限公司
61	天津市工业自动化仪表技术工程中心	中环天仪股份有限公司
62	天津市工业胶粘剂技术工程中心	三友（天津）高分子技术有限公司
63	天津市高性能计算应用技术工程中心	国家超级计算天津中心
64	天津市新药非临床评价技术工程中心	天津市新药安全评价研究中心
65	天津市微创外科手术器械技术工程中心	瑞奇外科器械中国有限公司
66	天津市垃圾焚烧飞灰安全处置技术工程中心	天津壹鸣环境工程有限公司
67	天津市海水养殖种业技术工程中心	天津立达海水资源开发有限公司
68	天津市洁净室空气净化技术工程中心	天津市龙川净化工程有限公司
69	天津市新型兽药技术工程中心	天津瑞普生物技术股份有限公司
70	天津市工程机械传动技术工程中心	天津市精研工程机械传动有限公司

市级工程中心（93个）（续三）

序号	名称	依托单位
71	天津市化工废水综合治理工程技术中心	天津市瑞德赛恩水业有限公司
72	天津市石油管材技术工程中心	天津钢管集团股份有限公司
73	天津市海洋油气生产装备技术工程中心	海洋石油工程股份有限公司
74	天津汽车发动机点火系统控制技术工程中心	天津斯巴克瑞汽车电子有限公司
75	天津市智慧旅游游览技术工程中心	天津恒达文博科技有限公司
76	天津市智能公交车载装备技术工程中心	天津市通卡公用网络系统有限公司
77	天津市磁悬浮旋转机械技术工程中心	天津飞旋科技研发有限公司
78	天津市物流安全监控与运输包装技术工程中心	中国包装科研测试中心
79	微生物代谢与发酵过程控制技术工程中心	天津科技大学
80	天津市海洋生物基功能纤维开发与应用技术工程中心	天津中盛生物工程有限公司
81	天津市营养代谢食品工程技术中心	天津阿尔发保健品有限公司
82	天津市城市环境污染诊断与修复技术工程中心	南开大学环境科学与工程学院
83	天津市城乡废弃物资源化技术工程中心	天紫环保装备制造（天津）有限公司
84	天津市挥发性有机物（VOCS）监测技术工程中心	天津七一二通信广播有限公司
85	天津市食品加工过程控制与安全技术工程中心	天津科技大学
86	天津市智能输送装备及安全监控技术工程中心	天津成科传动机电技术股份有限公司
87	天津市药品一致性评价技术工程中心	天津药物研究院有限公司
88	天津市微生物全自动快速体外诊断技术工程中心	天津市一瑞生物工程有限公司
89	天津市药物Ⅰ期临床研究工程技术中心	泰达国际心血管病医院
90	天津市海洋环境保护与修复技术工程中心	天津科技大学海洋与环境学院
91	天津市工业尾气资源综合利用技术工程中心	天津联博化工股份有限公司
92	天津市海洋牧场技术工程中心	天津渤海水产研究所
93	天津市智能网联汽车测试控制工程技术中心	中汽研（天津）汽车工程研究院有限公司

市级企业技术中心（221 个）

序号	名称	序号	名称
1	天津市大港仪表有限公司	30	天津七六四通信导航技术有限公司
2	展讯通信（天津）有限公司	31	天津市中环天佳电子有限公司
3	大唐终端技术有限公司	32	天津斯巴克瑞汽车电子有限公司
4	天津赛恩投资集团有限公司	33	天津中环领先材料技术有限公司
5	天津市德力电子仪器有限公司	34	天津光电聚能专用通信设备有限公司
6	天津凯发电气股份有限公司	35	中环天仪（天津）气象仪器有限公司
7	天津市亚安科技有限公司	36	天津市中环三峰电子有限公司
8	天津亿鑫通科技股份有限公司	37	航天神舟飞行器有限公司
9	天津市天大天发科技有限公司	38	天津航天长征技术装备有限公司
10	天津市北海通信技术有限公司	39	天津航天长征火箭制造有限公司
11	天津天大求实电力新技术股份有限公司	40	天津电力机车有限公司
12	天津天地伟业科技有限公司	41	天津合纵电力设备有限公司
13	天津恒达文博科技股份有限公司	42	天津汉海科技有限公司
14	天津市普迅电力信息技术有限公司	43	勤威（天津）工业有限公司
15	天津三安光电有限公司	44	天津天服三悦服装有限责任公司
16	天津市英贝特航天科技有限公司	45	天津健龙科技有限公司
17	天津南大通用数据技术股份有限公司	46	天津天纺投资控股有限公司飞天家用纺织分公司
18	中科遥感科技集团有限公司	47	天津天纺投资控股有限公司北洋纺织分公司
19	天津航天中为数据系统科技有限公司	48	天津科林自行车有限公司
20	天津中海创实业有限公司	49	中粮佳悦（天津）有限公司
21	天津中科金财科技有限公司	50	天津新日机电有限公司
22	天津赞普科技股份有限公司	51	汇源印刷包装科技（天津）股份有限公司
23	天津长飞鑫茂光通信有限公司	52	天津市利民调料有限公司
24	天津三源电力信息技术股份有限公司	53	梦金园黄金珠宝集团有限公司
25	天津航天瑞莱科技有限公司	54	天津绿茵景观生态建设股份有限公司
26	天津开发区先特网络系统有限公司	55	美克国际家私（天津）制造有限公司
27	天津津亚电子有限公司	56	赛闻（天津）工业有限公司
28	天津港信息技术发展有限公司	57	天津市尖峰天然产物研究开发有限公司
29	天津普林电路股份有限公司	58	天津南侨食品有限公司

市级企业技术中心（221 个）（续一）

序号	名称	序号	名称
59	天津市华恒包装材料有限公司	89	58 同城信息技术有限公司
60	岱纳包装（天津）有限公司	90	天津天德减震器有限公司
61	天津市山海关饮料有限公司	91	天津鹏翎胶管股份有限公司
62	天津环球磁卡股份有限公司	92	天津市顺达汽车零部件有限公司
63	天津市赛远科技有限公司	93	中汽研（天津）汽车工程研究院有限公司
64	天津中财型材有限责任公司	94	天津敏信机械有限公司
65	中石化第四建设有限公司	95	天津市大林新材料科技股份有限公司
66	中交一航局第四工程有限公司	96	天津信泰汽车零部件有限公司
67	中交一航局第一工程有限公司	97	天津银宝山新科技有限公司
68	中交天航滨海环保浚航工程有限公司	98	天津那诺机械制造有限公司
69	中交天航港湾建设工程有限公司	99	天津市宏远钛铁有限公司
70	中交天航环保工程有限公司	100	天津锐新昌科技股份有限公司
71	中铁建工集团北方工程有限公司	101	天津市金桥焊材集团有限公司
72	中铁上海工程局集团第四工程有限公司	102	天津立中合金集团有限公司
73	中国建筑第六工程局有限公司	103	天津市茂联科技有限公司
74	天津城建集团有限公司	104	天津冶金集团天材科技发展有限公司
75	中国电建集团港航建设有限公司	105	天津市特变电工变压器有限公司
76	中铁十二局集团电气化工程有限公司	106	天津国际机械有限公司
77	中国电建市政建设集团有限公司	107	天津新港船舶重工有限责任公司
78	天津海泰科技发展股份有限公司	108	致恒（天津）实业有限公司
79	中铁城建集团第三工程有限公司	109	天津凯德实业有限公司
80	中交一公局第六工程有限公司	110	南洋电缆（天津）有限公司
81	中交一航局安装工程有限公司	111	天津中际装备制造有限公司
82	天津市建工工程总承包有限公司	112	太重（天津）滨海重型机械有限公司
83	软通动力信息技术有限公司	113	天津成科传动机电技术股份有限公司
84	天津神舟通用数据技术有限公司	114	天津宏大纺织机械有限公司
85	乐道互动（天津）科技有限公司	115	天津重钢机械装备股份有限公司
86	未来电视有限公司	116	天津天重中直科技工程有限公司
87	天津市天友建筑设计股份有限公司	117	天津市海王星海上工程技术股份有限公司
88	通标标准技术服务（天津）有限公司	118	天津市津兆机电开发有限公司

市级企业技术中心（221 个）（续二）

序号	名称	序号	名称
119	天津市津荣天宇精密机械有限公司	150	天津精华石化有限公司
120	天津塘沽瓦特斯阀门有限公司	151	天津市东宝润滑油脂有限公司
121	诺威尔（天津）能源装备股份有限公司	152	天津津滨石化设备有限公司
122	天津华迈燃气装备股份有限公司	153	天津市兴源化工有限公司
123	天津中集物流装备有限公司	154	天津联博化工股份有限公司
124	天津博益气动股份有限公司	155	天津嘉泰伟业化工有限公司
125	天津金岸重工有限公司	156	天津正达科技有限责任公司
126	天津正天医疗器械有限公司	157	天津天大天久科技股份有限公司
127	协和干细胞基因工程有限公司	158	天津市创举科技有限公司
128	天津天堰科技股份有限公司	159	三友（天津）高分子技术有限公司
129	天津市汉康医药生物技术有限公司	160	天津中油渤星工程科技股份有限公司
130	天津美伦医药集团有限公司	161	中盐国本盐业有限公司
131	天津生机集团股份有限公司	162	天津科瑞达涂料化工有限公司
132	天津盛实百草中药科技股份有限公司	163	中远关西涂料化工（天津）有限公司
133	天津药明康德新药开发有限公司	164	天津利安隆新材料股份有限公司
134	鼎正动物药业（天津）有限公司	165	天津天智精细化工有限公司
135	石药信汇（天津）医药科技有限公司	166	天津美亚化工有限公司
136	天津瑞奇外科器械股份有限公司	167	天津浩元精细化工股份有限公司
137	赛诺医疗科学技术股份有限公司	168	天津德威涂料化工有限公司
138	天津哈娜好医材有限公司	169	天津渤化永利化工股份有限公司
139	天津未名生物医药有限公司	170	天津中生乳胶有限公司
140	邦盛医疗装备（天津）股份有限公司	171	天津长芦海晶集团有限公司
141	天津生物化学制药有限公司	172	天津大沽化工股份有限公司
142	天津医药集团津康制药有限公司	173	天津长芦汉沽盐场有限责任公司
143	天津药物研究院药业有限责任公司	174	天津德凯化工股份有限公司
144	天津中新药业集团股份有限公司达仁堂制药厂	175	天津市敬业精细化工有限公司
145	天津中新药业集团股份有限公司隆顺榕制药厂	176	天津渤化橡胶有限责任公司
146	中国石油化工股份有限公司天津分公司	177	中海石油环保服务（天津）有限公司
147	大港油田集团有限责任公司	178	航天环境工程有限公司
148	天津滨海新区大港天成化工厂	179	天津海泰环保科技发展股份有限公司
149	科迈化工股份有限公司	180	盾安（天津）节能系统有限公司

市级企业技术中心（221 个）（续三）

序号	名称	序号	名称
181	天津壹鸣环境科技股份有限公司	202	天津安捷公共设施服务有限公司
182	天津泰达环保有限公司	203	天津金域医学检验所有限公司
183	天津同阳科技发展有限公司	204	中铁建大桥工程局集团第三工程有限公司
184	天津市瑞德赛恩新材料开发有限公司	205	天津天药药业股份有限公司
185	天津市长芦盐业集团有限公司	206	国能新能源汽车有限责任公司
186	天津金发新材料有限公司	207	天津中能锂业有限公司
187	天津市威曼生物材料有限公司	208	天津华鸿科技股份有限公司
188	天津三环乐喜新材料有限公司	209	东方电气（天津）风电叶片工程有限公司
189	天津环欧国际新能源科技有限公司	210	中建二局第四建筑工程有限公司
190	天津市环欧半导体材料技术有限公司	211	天津金耀药业有限公司
191	天津中聚新能源科技有限公司	212	五八有限公司
192	天津瑞源电气有限公司	213	中星电子股份有限公司
193	天津泰达滨海清洁能源集团有限公司	214	天津莱尔德电子材料有限公司
194	天津英利新能源有限公司	215	中铁工程装备集团盾构再制造有限公司
195	力神动力电池系统有限公司	216	天津国芯科技有限公司
196	天津蓝天太阳科技有限公司	217	高新兴智联科技有限公司
197	京瓷（天津）太阳能有限公司	218	天津一重电气自动化有限公司
198	中铁第六勘察设计院集团有限公司	219	天津正标津达线缆集团有限公司
199	龙蟠润滑新材料（天津）有限公司	220	中建六局建设发展有限公司
200	富通特种光缆（天津）有限公司	221	中铁十八局集团建筑安装工程有限公司
201	禧天龙科技发展有限公司		

市级科技企业孵化器①（7 个）

序号	名称	序号	名称
1	天津泰达中小企业园建设有限公司	5	天津塘沽海洋高新技术开发区创业服务中心
2	天津天保科技服务有限公司	6	天津市塘沽经济开发区工业投资公司
3	天津智汇谷科技服务有限公司	7	天津滨海新区港博科技孵化器服务有限公司
4	天津真明丽光电有限公司		

注：①　该指标包括市级认定和资格认定科技企业孵化器。

市级众创空间（54 个）

序号	名称	序号	名称
1	津京互联科技生态服务平台	29	易・空间众创空间
2	医脉众创空间	30	直播间 studio
3	创想空间	31	顶层众创空间
4	创客总部天津基地	32	求是众创空间
5	四众基地	33	锂离子中科创客中心
6	腾讯众创空间（天津）	34	Think Big 创意空间
7	创始空间—于家堡自贸区创业及教育平台	35	挖客乐园
8	鱼坞众创空间	36	天津科技大学 GENSBOX（玑瑛公社）创新创业服务实践基地
9	北京大学创业训练营天津基地	37	天津生物职业技术学院药苑宜康众创空间
10	民航科技创业苗圃	38	南滨 GENSBOX（玑瑛青年创新公社）众创空间
11	瑞普生物智创谷	39	滨外・SINO 众寻青年创客训练营
12	顺橙众创空间	40	天津国土资源和房屋职业学院玑瑛青年创新公社百工众创空间
13	六九八五众创空间	41	天津工程职业技术学院
14	生物制造专业化众创空间	42	氪空间天津泰达社区
15	公能众创空间	43	中钢科德
16	临港科创众创空间	44	阿里巴巴创新中心・优客工场（天津）
17	临港鲲鹏众创空间	45	东软睿创
18	渤化集团众创空间	46	科大讯飞智汇谷 A.I. 开放平台
19	创意魔法空间	47	F+ 创新空间
20	凯立达创投咖啡	48	德袆众创空间
21	榴莲咖啡众创空间	49	NII 国际创客之家
22	天津创元众创发展中心	50	清联众创空间
23	德人环境共创空间	51	北航・星空众创
24	高分众创空间	52	启迪之星（天津・生态城）加速器
25	天大求实众创空间	53	东疆创业港众创空间
26	灵动众创空间	54	百度（滨海）创新中心
27	医疗器械及再生医用生物材料专业化众创空间		
28	扑克空间		

市级生产力促进中心[①]（16 个）

序号	名称	序号	名称
1	天津市天大银泰快速制造生产力促进中心有限公司	9	天津科创医药中间体技术生产力促进有限公司
2	天津市滨海新区塘沽滨海生产力促进中心	10	天津经济技术开发区生产力促进中心
3	天津市滨海新区大港生产力促进中心	11	天津天地伟业生产力促进有限公司
4	天津高科生产力促进有限公司	12	天津市天元生产力促进有限公司
5	天津津瑞生产力促进中心有限公司	13	天津市唐大环境保护生产力促进中心
6	天津正能生产力促进有限公司	14	天津市汉沽生产力促进中心
7	天津科企融生产力促进有限公司	15	天津市伟林生产力促进中心
8	天津市滨海新区现代生态农业生产力促进中心	16	天津新耀德辉生产力促进有限公司

产业技术创新战略联盟[②]（37 家）

序号	名称	序号	名称
1	华夏干细胞产业技术创新战略联盟	16	纳米产业技术创新联盟
2	杂交水稻产业技术创新战略联盟	17	汽车服务行业与职业教育技术产业技术创新战略联盟
3	兽用化学药品产业技术创新战略联盟（SUVP）	18	天津市半导体光源系统产业技术创新战略联盟
4	工业酶产业技术创新战略联盟	19	演艺装备产业技术创新战略联盟
5	天津滨海新区抗癌新药创制产业技术创新战略联盟	20	科技金融创新联盟
6	污染场地修复产业技术创新战略联盟	21	粮油产业技术创新战略联盟
7	天津市产业共生技术创新战略联盟	22	天津滨海新区水污染控制与水体修复产业技术创新战略联盟
8	滨海新区海水工厂化产业技术创新战略联盟		
9	滨海新区超级计算工程设计与仿真应用联盟	23	非粮能源作物种业产业技术创新战略联盟
10	滨海新区智能制造产业技术创新战略联盟	24	中国电子制造产业联盟
11	中国艾滋病疫苗联盟	25	天津胶黏剂产业联盟
12	中关村—滨海大数据产业技术创新战略联盟	26	生物识别产业技术创新联盟
13	转化医学产业技术战略联盟	27	滨海新区检验测试技术创新联盟
14	蛋白药质量战略联盟	28	两化融合推进联盟
15	天津市分布式发电与微网产业技术创新战略联盟	29	京津冀众创联盟

注：① 该清单包括市级认定和资格认定生产力促进中心。
② 该清单来源于滨海新区科学技术局。

产业技术创新战略联盟（37 家）（续一）

序号	名称	序号	名称
30	信息安全产业技术创新联盟	34	天津市医疗器械及再生医用生物材料产业技术创新联盟
31	无人机产业技术创新战略联盟	35	天津市中兽药产业技术创新战略联盟
32	绿色制药技术联盟	36	天津市大气污染防治产业技术创新战略联盟
33	物联网电子信息产业技术创新联盟	37	京津冀区域绿色港口科技创新联盟

科学研究与技术服务业非企业单位（27 个）

序号	名称	序号	名称
1	交通运输部天津水运工程科学研究所	14	天津市网络技术研究所
2	天津国际生物医药联合研究院（天津市国际生物医药联合研究院有限公司）	15	北京大学（天津滨海）新一代信息技术研究院
		16	清华大学天津电子信息研究院
3	天津渤海水产研究所	17	天津市滨海新区信息技术创新中心
4	浙江大学滨海产业技术研究院	18	国家粳稻工程技术研究中心
5	国家超级计算天津中心	19	天津出入境检验检疫局动植物与食品检测中心
6	天津出入境检验检疫局化矿金属材料检测中心	20	天津（滨海）人工智能军民融合创新中心
7	天津市质量管理研究所	21	天津市创业投资发展中心
8	国家纳米技术与工程研究院（国家纳米技术产业化基地）	22	天津市渤海海洋监测监视管理中心
		23	天津市医疗器械质量监督检验中心
9	国家计算机病毒应急处理中心	24	中国科学院天津工业生物技术研究所
10	天津出入境检验检疫局工业产品安全技术中心	25	天津市产品质量监督检测技术研究院
11	天津泰达国际创业中心	26	天津市滨海新区信息技术创新中心
12	天津市滨海新区塘沽滨海生产力促进中心	27	天津滨海综合发展研究院
13	天津市滨海新区军民融合创新研究院		

国家级高新技术企业（2206家）

序号	名称	序号	名称
1	天津市茂联科技有限公司	30	天津市华宇膜技术有限公司
2	中国石油集团渤海石油装备制造有限公司	31	天津中煤电子信息工程有限公司
3	华为海洋网络有限公司	32	天津慧科电子股份有限公司
4	天津天智精细化工有限公司	33	天津易博达动力科技有限公司
5	东方电气（天津）风电叶片工程有限公司	34	天津天易海上工程有限公司
6	天津航天长征技术装备有限公司	35	康希诺生物股份公司
7	天津卓达科技发展有限公司	36	蓝创科技有限公司
8	唯捷创芯（天津）电子技术股份有限公司	37	天津开发区沃思电子商务有限公司
9	通邮（中国）科技有限公司	38	天津国纳科技发展有限公司
10	天津海晶塑料制品有限公司	39	天津朗波微电子有限公司
11	天津费加罗电子有限公司	40	天津众智科技有限公司
12	利丰海洋工程（天津）有限公司	41	天津港航工程有限公司
13	中汽研（天津）汽车工程研究院有限公司	42	天津开发区金鹏塑料异型材制造有限公司
14	天津市中环亚光电子有限责任公司	43	天津南侨食品有限公司
15	天津双林汽车部件有限公司	44	航天长征睿特科技有限公司
16	天津网聚优众网络科技有限公司	45	天津虹冈铸钢有限公司
17	提珂隆（天津）表面技术有限公司	46	天津德盛镁汽车部件有限公司
18	天津开发区金衫包装制品有限公司	47	中粮天科生物工程（天津）有限公司
19	天津兴船重机装备有限公司	48	天津开发区广厦园林建筑工程有限公司
20	天津市东南恒生医用科技有限公司	49	天津建昌环保股份有限公司
21	中航长城计量测试（天津）有限公司	50	天津市正标津达线缆有限公司
22	天津市壹杯红生物技术有限公司	51	天津未名生物医药有限公司
23	天津伊斯达网络信息科技有限公司	52	天津大宇包装制品有限公司
24	天津奥美自动化系统有限公司	53	天津长芦华信化工股份有限公司
25	天津慧微电子研发科技有限公司	54	天津市大林新材料科技股份有限公司
26	天津中航百慕新材料技术有限公司	55	天津博弘化工有限责任公司
27	天元康宇（天津）环保科技股份有限公司	56	天津口岸卫生科技开发服务有限公司
28	天津渤海高科科技有限公司	57	天津航空凯通机电有限公司
29	天津嘉氏堂科技有限公司	58	天津泰达有线电视网络有限公司

国家级高新技术企业（2206 家）（续一）

序号	名称	序号	名称
59	天津海润移山科技发展股份有限公司	88	天津冠勤医药科技有限公司
60	诺思泰（天津）科技有限公司	89	天津德威利暖通设备有限公司
61	天津海科信达石油技术有限公司	90	航天资源循环科技有限公司
62	天津凯镛药业有限公司	91	天津硕视达电子科技有限公司
63	天津天易海洋管道测试服务有限公司	92	天津博诺机器人技术有限公司
64	天津精工华晖制版技术开发有限公司	93	天津恒远达科技有限公司
65	艾法能源工程股份有限公司	94	天津市英万科技有限公司
66	天津天星电子有限公司	95	芯愿景软件有限公司
67	天津锐创环保科技有限公司	96	橙意家人科技（天津）有限公司
68	特力佳（天津）风电设备零部件有限公司	97	天津建岩岩土工程有限公司
69	杰瑞（天津）石油工程技术有限公司	98	天津合昶网络科技股份有限公司
70	天津德仕达起重输送设备有限公司	99	天津市源创科技发展有限公司
71	天津奥博特塑胶电子有限公司	100	天津福拉兴科技有限公司
72	天津通一新能源科技有限公司	101	天津佳医在线科技有限公司
73	民康医疗科技（天津）有限公司	102	天津宏迪机电科技有限公司
74	山水视讯（天津）电子科技有限公司	103	天津联汇智造科技有限公司
75	天津润德滤清器有限公司	104	天津环洁汽车能源有限公司
76	天津中利特自动化设备科技有限公司	105	天津同丰信息技术有限公司
77	天津渤商电子商务有限公司	106	天津速研医药科技有限公司
78	天津源天晟科技发展有限公司	107	天津市邦浦石油技术装备股份有限公司
79	天津星通天安科技有限公司	108	天津绿农科技有限公司
80	天津合川汽车设备工贸有限责任公司	109	一飞智控（天津）科技有限公司
81	天津悦鸣科技发展有限公司	110	天津市裕川环境科技有限公司
82	天津晟高创新科技有限公司	111	天津百萤生物科技有限公司
83	天津天和环能科技有限公司	112	天津海达奥普光电技术股份有限公司
84	鼎正新兴生物技术（天津）有限公司	113	天津卫凯生物工程有限公司
85	天津市津一电镀有限公司	114	天津华译语联科技股份有限公司
86	瀚盟测试科技（天津）有限公司	115	天津合众丰源石油技术有限公司
87	和仁（天津）科技有限公司	116	天津淘油科技股份有限公司

国家级高新技术企业（2206家）（续二）

序号	名称	序号	名称
117	天津掌金互动科技有限公司	146	中兴能源光能技术有限公司
118	天津东方信达科技有限公司	147	天津天地伟业科技有限公司
119	天津津研机械设计有限公司	148	航天神舟飞行器有限公司
120	天津索玛科技有限公司	149	天津市天房科技发展股份有限公司
121	大美泰康（天津）生态科技有限公司	150	天津魔幻动力科技有限责任公司
122	天津开发区青云不锈钢有限公司	151	中信环境技术（天津）有限公司
123	天津中科智能识别产业技术研究院有限公司	152	天津滨河创新科技有限公司
124	派尼尔科技（天津）有限公司	153	天津航天中为数据系统科技有限公司
125	天津天绿健科技有限公司	154	天津恒电空间电源有限公司
126	天津津芯微电子科技有限公司	155	中环天仪（天津）气象仪器有限公司
127	天津德祥生物技术有限公司	156	天津市天友建筑设计股份有限公司
128	天津林达生物科技有限公司	157	中安（天津）航空设备有限公司
129	天津农科食品生物科技有限公司	158	天津恒达文博科技有限公司
130	奇方（天津）医药科技有限公司	159	天津三源电力信息技术股份有限公司
131	达森（天津）材料科技有限公司	160	天津壹鸣环境科技股份有限公司
132	天津新智感科技有限公司	161	乾元大通科技集团有限公司
133	天津纳德科技有限公司	162	天津市挚信鸿达医疗器械开发有限公司
134	天津市科航电子科技有限公司	163	天津神舟通用数据技术有限公司
135	天津熔之宝科技股份有限公司	164	天津市方圆电气设备有限公司
136	天津欧绅机电科技有限公司	165	天津天地龙管业股份有限公司
137	天津博法泰克医药科技有限公司	166	天津航联迪克科技有限公司
138	伊启棒（天津）科技发展有限公司	167	荷丰（天津）化工工程有限公司
139	天津宇航科技发展有限公司	168	天津俊昊海洋工程有限公司
140	天津迈安诊生物技术有限公司	169	天津金域医学检验所有限公司
141	天津酷博艾康信息技术有限公司	170	天津市松江科技发展股份有限公司
142	中建六局土木工程有限公司	171	天津宝恒流体控制设备股份有限公司
143	天津海莱姆科技有限公司	172	天津市海岸带工程有限公司
144	天津英利新能源有限公司	173	天津亿利科能源科技发展股份有限公司
145	天津航天机电设备研究所	174	天津市沣文科技发展有限公司

国家级高新技术企业（2206 家）（续三）

序号	名称	序号	名称
175	天津正大珍吾堂食品股份有限公司	204	天津市协力自动化工程有限公司
176	高灵能源投资集团有限公司	205	天津中屹铭科技有限公司
177	天津安华易科技发展有限公司	206	美高光电（天津）有限公司
178	天津市绿通环保工程设备开发有限公司	207	天津凌浩科技有限公司
179	天津阿瑞斯工业炉有限公司	208	天津市太阳精仪科技有限公司
180	天保中天科技（天津）有限公司	209	天津利源捷能气体设备股份有限公司
181	天津市新策电子设备科技有限公司	210	天津众齐软件开发有限公司
182	天津高清科技有限公司	211	天津凯赛特科技有限公司
183	天津市金超利达科技有限公司	212	天津欧普特科技发展有限公司
184	天津光电万泰克电子有限公司	213	天津市百利康泰生物技术有限公司
185	天津市汇峰工程设计咨询有限公司	214	天津市金佳同达科技有限公司
186	海菲曼（天津）科技有限公司	215	天津青川科技发展有限公司
187	天津智川恒博科技发展有限公司	216	天津赛乐新创通信技术有限公司
188	天津市赛宁生物工程技术有限公司	217	天津尚德药缘科技股份有限公司
189	天津圣明科技有限公司	218	天津市远卓环境工程有限公司
190	美德太平洋（天津）生物科技股份有限公司	219	天津雅讯天地科技发展有限公司
191	天津伟力盛世节能科技股份有限公司	220	中交一公局第六工程有限公司
192	国润恒科（天津）防腐工程技术有限公司	221	富通住电特种光缆（天津）有限公司
193	天津市道本科技有限公司	222	乐道互动（天津）科技有限公司
194	天津池源科技有限公司	223	天津海泰市政绿化有限公司
195	天津博朗科技发展有限公司	224	天津泽希矿产加工有限公司
196	天津镕思铭科技有限公司	225	天津市瑞邦数码科技有限公司
197	天津市春信制冷净化设备有限公司	226	突破电气（天津）有限公司
198	天津力源永春科技发展有限公司	227	天津元迪科技有限公司
199	天津瑞拓电子科技开发有限公司	228	格瑞果汁工业（天津）有限公司
200	天津市天大银泰快速制造生产力促进中心有限公司	229	天津启新明动科技有限责任公司
201	天津埃柯特测控技术有限公司	230	天津海泰天功系统工程科技有限公司
202	天津市天飞海泰阀门有限公司	231	天津市方卫信息系统工程技术有限公司
203	天津市金凤来仪科技有限公司	232	天津合纵电力设备有限公司

国家级高新技术企业（2206 家）（续四）

序号	名称	序号	名称
233	天津网络广播电视台有限公司	262	中交信通（天津）科技有限公司
234	舜天嘉诚（天津）新材料科技发展有限公司	263	天津赞迪软件技术开发有限公司
235	天津市广通信息技术工程股份有限公司	264	天津浙嘉科技发展有限公司
236	天津中邦信息技术有限公司	265	天津信天电子科技有限公司
237	梦幻工厂文化传媒（天津）有限公司	266	天津北林新苑绿化工程有限公司
238	天津市天水环保设计工程有限公司	267	天津易翰林科技有限公司
239	天津联科思创科技发展有限公司	268	力冠能源（天津）有限公司
240	感知城市（天津）物联网科技股份有限公司	269	和骊安（中国）汽车信息系统有限公司
241	能威（天津）海洋工程技术有限公司	270	天津市普源科技发展有限公司
242	天津市宝新环保节能工程有限公司	271	天津云安科技发展有限公司
243	天津药物研究院新药评价有限公司	272	天津蔚天洲环境科技发展有限公司
244	天津普传自控技术有限公司	273	百视窗（天津）信息技术有限公司
245	天津市万木辐射防护工程有限公司	274	天津市英克瑞电子技术有限公司
246	天津福乐尔科技发展有限公司	275	天津市实通网络科技有限公司
247	索铌格机械（天津）有限公司	276	森玛特（天津）自动化技术有限公司
248	天津慧嘉元天广告传媒有限公司	277	天津新技术产业园区大远东制冷设备工程技术有限公司
249	天津中发智能科技有限公司	278	天津市尚致科技有限公司
250	天津市赛唯思尤信息技术有限公司	279	天津萨图芯科技有限公司
251	天津市金鼎线材制品科技开发股份有限公司	280	天津市引领科技有限公司
252	天津天匠动画科技有限公司	281	英贝儿（天津）测控设备有限责任公司
253	瑞思特智能与节能建筑技术（天津）有限公司	282	天津信一科技有限公司
254	大自在（天津）信息技术有限公司	283	天津亚特科技有限公司
255	天津诺鼎电子科技有限公司	284	天津中福工程技术有限公司
256	维尔凯德（天津）石油工程有限公司	285	海茵兰茨（天津）工业技术有限公司
257	天津唐朝食品工业有限公司	286	天津合立普机器人自动化技术有限公司
258	天津飞悦航空工业股份有限公司	287	天津天慧通科技有限公司
259	天津市天波科达科技有限公司	288	天津市艾盟科技发展有限公司
260	天津光电新亚电子通信技术有限公司	289	天津市国达测控技术有限公司
261	长虹立川（天津）科技股份有限公司		

国家级高新技术企业（2206 家）（续五）

序号	名称	序号	名称
290	天津泰瑞救援装备有限公司	319	天津市云启科技开发有限公司
291	天津四通创源科技有限公司	320	天津德源电气有限公司
292	天津冠博科技有限公司	321	林润（天津）科技有限公司
293	天津易众腾动力技术有限公司	322	天津力伟科技有限公司
294	天津奕能科技发展有限公司	323	天津塔尔森科技发展有限公司
295	天津力合天成科技有限公司	324	天津中益包装设备有限公司
296	天津众联通信工程有限公司	325	天津光彩伟业科技有限公司
297	天津百绿园林景观设计有限公司	326	天津衡创工大现代塔器技术有限公司
298	天津麦硒康生物科技有限公司	327	天津世纪动力科技发展有限公司
299	天津市森特奈电子有限公司	328	天津神龙兴业科技有限公司
300	天津市南奥电梯技术股份有限公司	329	中仪睿科（天津）教学实验设备有限公司
301	天津海明医疗用品有限公司	330	天津国信浩天三维科技有限公司
302	天津市喜安意建筑技术开发应用有限公司	331	天津和正美科技发展有限公司
303	天津西澳维密封技术发展有限公司	332	天津君议台科技发展有限公司
304	天津铭锐创科技有限公司	333	天津赛象工业自动化技术有限公司
305	天津泰禾嘉美节能环保科技有限公司	334	天津市科达斯特光电科技有限公司
306	天津环宇科技有限公司	335	天津澳盛能源科技服务有限公司
307	迪欧爱普（天津）科技发展有限公司	336	天津锐锟科技有限公司
308	天津微深科技有限公司	337	天津中西数控技术有限公司
309	天津市天元生产力促进有限公司	338	天津华水仪表技术有限公司
310	天津海润恒通高性能计算系统科技有限公司	339	天津飞通科技有限公司
311	天津市凯森特科技有限公司	340	天津市英航科技有限公司
312	矽卓光电技术（天津）有限公司	341	天津市盈飞信息技术有限公司
313	天津市迅尔自控设备制造有限公司	342	天津盛特斯科技有限公司
314	天津虫象科技有限公司	343	天津拓晟科技发展有限公司
315	天津宇拓电源有限公司	344	天津亚米欧软件技术有限公司
316	天津伯纳德执行器有限公司	345	天津森雅医疗设备科技有限公司
317	天津震东润科智能科技股份有限公司	346	天津捷百益科技发展有限公司
318	天津沃尔提莫新材料技术股份有限公司	347	天津阿尔法优联电气有限公司

国家级高新技术企业（2206家）（续六）

序号	名称	序号	名称
348	天津希格诺科技有限公司	377	天津市精拓仪器科技有限公司
349	天津云视科技发展有限公司	378	天津津旅商务信息技术股份有限公司
350	天津凡易石油科技有限公司	379	天津朗思世纪科技发展有限公司
351	天津宇光光学有限公司	380	天津君邦科技有限公司
352	天津和光同德科技股份有限公司	381	天津博远达科技有限公司
353	天津华网智能科技有限公司	382	天津海泰超导电子有限公司
354	天津中控海容科技有限公司	383	天津琪臻节能科技有限公司
355	天津飞鹏盛元科技发展有限公司	384	美乐科技（天津）有限公司
356	天津吉源恒益科技有限公司	385	天津市斯沃德电子科技有限公司
357	天津科岸仪器有限公司	386	西诺信传感技术（天津）有限公司
358	天津盛嘉远大科技发展中心	387	西软（天津）科技有限公司
359	天津市淘客科技有限公司	388	天津中科理化新材料技术有限公司
360	天津奥麦思电气有限公司	389	天津十彩动画科技有限公司
361	天津市欧曼液压装备系统工程有限公司	390	天津市雅迪科技有限公司
362	天津领镁科技有限公司	391	天津市世佳精工科技有限公司
363	天津市智冠科技有限公司	392	天津正大鼎铭科技有限公司
364	天津市福锐达电气成套设备工程有限公司	393	天津三石科技有限公司
365	天津泛恩汇正科技有限公司	394	谱天（天津）生物科技有限公司
366	天津求实飞博科技有限公司	395	天津市健瑞生物技术有限公司
367	天津创方多维信息技术有限公司	396	天津鑫利恒科技有限公司
368	天津嘉拓电子科技有限公司	397	天津微视威信息科技有限责任公司
369	汇誉丰机电科技（天津）股份有限公司	398	鑫泰沣（天津）环保科技发展有限公司
370	天津市软件评测中心	399	天津信泰君泽科技有限公司
371	天津天地众恒仪表技术有限公司	400	天津大通拓维信息技术有限公司
372	天津浩丞恒通科技有限公司	401	天津游奕科技有限公司
373	天津市奋斗者网络科技有限公司	402	天津鼎宸环保科技有限公司
374	天津兴雅医疗设备科技有限公司	403	天津市康贝科技有限公司
375	天津斯瑞吉高新科技研究院有限公司	404	天津尚仪企业管理咨询有限公司
376	天津欧泰激光科技有限公司	405	天津市艾雷特电气仪表有限公司

国家级高新技术企业（2206 家）（续七）

序号	名称	序号	名称
406	天津曼科科技有限公司	435	天津全速达信息技术有限公司
407	沃邦（天津）科技有限公司	436	天津金熙雅科技股份有限公司
408	天津康林德医药科技有限公司	437	天津远征科技发展有限公司
409	天津中世沃克科技发展有限公司	438	天津延强科技有限公司
410	天津臻熙科技发展有限公司	439	天津卓讯科技有限公司
411	天津晶岭微电子材料有限公司	440	天津语瓶仪器技术有限公司
412	广开倍实（天津）科技股份有限公司	441	天津冠创科技有限公司
413	天津木牛流马科技发展股份有限公司	442	天津海景科技有限公司
414	天津颐诺通软科技有限公司	443	天津市正江高科技有限公司
415	天津市北洋荣科智能科技有限责任公司	444	高智科技（天津）有限公司
416	天津优宁福姆建筑节能科技开发有限公司	445	天津瑞创微纳科技有限公司
417	天津神为科技有限公司	446	天津亿联世讯科技有限公司
418	天津悦和康生物技术有限公司	447	天津勇趣科技发展有限公司
419	天津爱世家科技有限公司	448	天津市滠博科技有限公司
420	天津萨克赛斯机械技术开发有限公司	449	天津申洋科技有限公司
421	天津易达诚科技发展有限公司	450	天津市南天新材料研究中心有限公司
422	天津海蝶信息技术有限公司	451	天津伟聚科技有限公司
423	爱普海德（天津）科技有限公司	452	主角（天津）科技发展有限公司
424	天津迈拓思生物科技有限公司	453	天津海博斯机电设备有限公司
425	天津市美好生活科技有限公司	454	天津霖信鑫科技发展有限公司
426	天津圣达芯光电子科技有限公司	455	中新环科（天津）科技有限公司
427	天津市优创科技企业孵化器有限公司	456	天津威腾软件技术有限公司
428	天津瑞洁环境净化科技有限公司	457	天津校聚科技发展有限公司
429	博士能（天津）能源科技发展有限公司	458	天津云讯通科技有限公司
430	多普（天津）科技发展有限公司	459	天津物联云汇科技有限公司
431	中科微声（天津）传感技术有限公司	460	高格（天津）信息科技发展有限公司
432	天津派尔尼尔科技发展有限公司	461	天津佰思普生物科技有限公司
433	天津灵角创意科技有限公司	462	宇沃（天津）自动化设备科技有限公司
434	天津同造金丰秀石建筑工程有限公司	463	奕工晨（天津）节能环保科技发展有限公司

国家级高新技术企业（2206家）（续八）

序号	名称	序号	名称
464	蒲公英（天津）科技有限公司	493	天津易动文宇科技有限公司
465	天津云邦网络科技有限公司	494	天津新瑞微联科技有限公司
466	天津简仪科技有限公司	495	天津鑫福祥科技发展有限公司
467	天津芬奇动视文化传播有限公司	496	天津蒙特立医疗科技有限责任公司
468	天津前方科技有限公司	497	天津市太阳神科技有限公司
469	天津雨霖新能源科技有限公司	498	天津方合科技发展有限公司
470	天津域尚未来科技有限公司	499	天津绿茵景观生态建设股份有限公司
471	天津熠成成科技发展有限公司	500	中国铁建大桥工程局集团有限公司
472	天津天禄通建材科技有限公司	501	恒银金融科技股份有限公司
473	天津津创晨光科技有限公司	502	软通动力信息技术有限公司
474	柯林德尔（天津）环保设备科技有限公司	503	天津艺虹印刷发展有限公司
475	天津应生信息技术有限公司	504	南洋电缆（天津）有限公司
476	天津中企云科技有限公司	505	天津瑞源电气有限公司
477	天津市易路发科技发展有限公司	506	天津志诚模具有限公司
478	天津市州易机电科技有限公司	507	麦格纳技术与模具系统（天津）有限公司
479	恩泊泰（天津）科技有限公司	508	天津正达科技有限责任公司
480	天津小拇指净化技术有限公司	509	展讯通信（天津）有限公司
481	天津中星互联科技有限公司	510	天津华鸿科技股份有限公司
482	天津泽智科技股份有限公司	511	大唐电信（天津）技术服务有限公司
483	奥云科技（天津）有限公司	512	紫光测控有限公司
484	天津风范科技有限公司	513	天津纺织工程研究院有限公司
485	天津米索软件有限公司	514	天津瑞灵石油设备股份有限公司
486	天津观兰集域科技有限公司	515	天津应大电子商务有限公司
487	乐鱼科技（天津）有限公司	516	天津市索维电子技术有限公司
488	普惠天下（天津）科技发展股份有限公司	517	天津中启创科技有限公司
489	天津思臣科技发展有限公司	518	天津市昊永化工工程有限公司
490	天津微瑞超分子材料科技有限公司	519	顺昊细胞生物技术（天津）股份有限公司
491	天津特利普尔科技有限公司	520	天津中杰科技发展有限公司
492	天津枫林云科技有限公司	521	天津市海鑫融智投资咨询有限公司

国家级高新技术企业（2206 家）（续九）

序号	名称	序号	名称
522	天津赛瑞多肽科技有限公司	551	天津易和电力工程设计有限公司
523	天津正源国际版权交易市场有限公司	552	天津通联电气有限公司
524	中国水电建设集团港航建设有限公司	553	天津普利奥能源技术发展有限公司
525	天津滨达燃气实业有限公司	554	天津敏捷云科技有限公司
526	天津港联盟国际集装箱码头有限公司	555	天津想创科技有限公司
527	天津港集装箱码头有限公司	556	天津克莱科特软件有限公司
528	天津五洲国际集装箱码头有限公司	557	天津海之凰科技有限公司
529	亚联（天津）信息技术有限责任公司	558	爱科维申科技（天津）有限公司
530	天津港国际物流发展有限公司	559	中孚航空科技（天津）有限公司
531	天津市山海关饮料有限公司	560	长合工业技术（天津）有限公司
532	天津京雄科技工程发展有限公司	561	伟华科技（天津）有限公司
533	泊姆克（天津）液压有限公司	562	天津立昌科技有限公司
534	天津港保税区爱信食品有限公司	563	乐易考（天津）科技有限公司
535	天津市智博通信工程有限责任公司	564	天津航大航空设备有限公司
536	天津市中天电气有限公司	565	天津紫藤科技有限公司
537	天津华大医学检验所有限公司	566	天津昂林贸烽高新材料有限公司
538	中铁第六勘察设计院集团有限公司	567	百吉瑞（天津）新能源有限公司
539	中源协和基因科技有限公司	568	金白楼（天津）科技有限公司
540	天津市赛远保健品有限公司	569	中交天航滨海环保浚航工程有限公司
541	天津英联石油设备技术服务有限公司	570	天津港第一港埠有限公司
542	天津龙创汽车设计有限公司	571	天津港焦炭码头有限公司
543	天津光电星球显示设备有限公司	572	天津港轮驳有限公司
544	泽普互动（天津）科技有限公司	573	天津市元皓机电设备有限公司
545	漾美家居（天津）有限公司	574	中建六局装饰工程有限公司
546	和心（天津）外用制剂科技有限公司	575	中海油节能环保服务有限公司
547	天津特种包装机械有限公司	576	中海油（天津）管道工程技术有限公司
548	比扬（天津）乐器制造有限公司	577	天津市滨海新区塘沽于庄橡胶厂
549	天津市信息基础设施投资有限公司	578	天津金聚丰化工涂料有限公司
550	天津智慧信源科技有限责任公司	579	天津盛天利材料科技有限公司

国家级高新技术企业（2206家）（续十）

序号	名称	序号	名称
580	中国石油集团工程技术研究有限公司	609	天津滨海利德制管有限公司
581	天津卫技天马除害处理技术服务有限公司	610	天津新日机电有限公司
582	天津环泽塑皿加工有限责任公司	611	利顺塑业（天津）股份有限公司
583	中交一航局第一工程有限公司	612	天津联维乙烯工程有限公司
584	天津市义腾金属制品有限公司	613	天津市瑞德赛恩水业有限公司
585	中交天航港湾建设工程有限公司	614	北安变压器（天津）股份有限公司
586	天津锦利程包装有限公司	615	天津津滨石化设备有限公司
587	天津蓝孚高能物理技术有限公司	616	天津科电石化科技发展有限公司
588	天津市沐林包装容器有限公司	617	天津市北斗星精细化工有限公司
589	天津亿朋医疗器械有限公司	618	天津欣维检测技术有限公司
590	天津绿博特环保设备制造股份公司	619	天津市三山塑料有限公司
591	天津滨海祥宝塑料制品有限责任公司	620	天津市大港宏兴塑料制品厂
592	天津天任车料有限公司	621	天津市盛世塑料制品有限公司
593	天津小鸟车业有限公司	622	天津滨海超越绝缘制品有限公司
594	天津市盟特电气仪表配件制造股份有限公司	623	天津滨海新区大港顺发工贸有限公司
595	天津森普管材有限公司	624	天津光华包装有限公司
596	天津津通华电气设备有限公司	625	天津市煜德隆铝业制造有限公司
597	天津青昊源人防设备有限公司	626	天津市科莱博瑞科技有限公司
598	天津华浮石化设备工程有限公司	627	天津市世明塑料制品有限公司
599	中天振华（天津）新型建材有限公司	628	天津市奥凯石油机械有限公司
600	天津市华旭盛泰科技有限公司	629	天津市巨星防腐检测工程有限公司
601	天津振普筑炉衬里工程有限公司	630	天津市龙新石油机械制造股份有限公司
602	天津恩铎机械有限公司	631	天津荣茂英财科技有限公司
603	天津市天港机械有限公司	632	天津福民石油机械设备技术有限公司
604	天津市金科力铝业有限公司	633	天津市雪琰管业股份有限公司
605	天津滨海中天鑫港星线缆有限公司	634	天津丰联管业有限公司
606	天津滨海新区大港汇丰汽车装饰有限公司	635	天津市宏宇天翔科技有限公司
607	欧贝电气（天津）有限公司	636	天津永生伟业建材有限公司
608	天津市金海丰金属制品有限公司	637	天津电力机车有限公司

国家级高新技术企业（2206 家）（续十一）

序号	名称	序号	名称
638	新创（天津）包装工业科技有限公司	667	天津万峰环保科技有限公司
639	龙蟠润滑新材料（天津）有限公司	668	内田电子（天津）有限公司
640	骆驼石油天然气技术服务（天津）有限公司	669	天津金发新材料有限公司
641	天津渤化永利化工股份有限公司	670	天津航空机电有限公司
642	天津博迈科海洋工程有限公司	671	天津东软睿道教育信息技术有限公司
643	天津市均岩科技股份有限公司	672	天津百利二通机械有限公司
644	太重（天津）重型装备科技开发有限公司	673	天津港保税区益诚电力设备有限公司
645	天津泽瑞祥科技发展有限公司	674	天津神封科技发展有限公司
646	天津港太平洋国际集装箱码头有限公司	675	智能航空系统有限公司
647	天津兆华领先有限公司	676	天津蓝巢特种吊装工程有限公司
648	中交天航环保工程有限公司	677	天津天乐国际工程咨询设计有限公司
649	天津本恒科技发展有限公司	678	天津健龙科技有限公司
650	天津滨海旅游区公用事业发展有限公司	679	天津市特变电工变压器有限公司
651	天津成游四方科技有限责任公司	680	天津汽车模具股份有限公司
652	天津哈你科技发展有限公司	681	致恒（天津）实业有限公司
653	世纪优优（天津）文化传播股份有限公司	682	关节动力安达（天津）生物科技有限公司
654	恩华特环境技术（天津）有限公司	683	天津海鸥表业集团有限公司
655	丹娜（天津）生物科技有限公司	684	天津市鼎成现代集成制造技术工程有限公司
656	氪金信息科技（天津）有限公司	685	中铁电气化勘测设计研究院有限公司
657	天津智信慧通信息技术有限公司	686	天津赛智科技发展有限公司
658	天津德润文化传播有限公司	687	中国铁路设计集团有限公司
659	天津中融合科技有限公司	688	天津市杰冠医疗科技有限公司
660	天津春潮环保科技有限公司	689	航科院（天津）航空设备有限公司
661	华慧视科技（天津）有限公司	690	天津泰班科技发展有限公司
662	智汇（天津）生产力促进有限公司	691	中交第一航务工程局有限公司
663	泰恩博能燃气设备（天津）股份有限公司	692	未来电视有限公司
664	元计算（天津）科技发展有限公司	693	天津凯德实业有限公司
665	天津讯飞信息科技有限公司	694	天津亿为特电子科技有限公司
666	天津南开大学蓖麻工程科技有限公司	695	中海石油环保服务（天津）有限公司

国家级高新技术企业（2206家）（续十二）

序号	名称
696	天津亨特尔线缆有限公司
697	天津汇天通信科技股份有限公司
698	天津市龙网科技发展有限公司
699	中恩（天津）医药科技有限公司
700	摩佰尔（天津）电子科技有限公司
701	天津普林电路股份有限公司
702	天津生态城绿色建筑研究院有限公司
703	天津生态城环保有限公司
704	灵然创智（天津）动画科技发展有限公司
705	天津西瑞尔信息工程有限公司
706	天津新港船舶重工有限责任公司
707	天津金岸重工有限公司
708	天津市新金融低碳城市设计研究院有限责任公司
709	天津南开和成科技有限公司
710	天津市敬业精细化工有限公司
711	天津市昊航复合管业有限公司
712	天津天石带压密封有限公司
713	天津市贝斯特防爆电器有限公司
714	天津渤大硫酸工业有限公司
715	天津市塘沽第一阀门有限公司
716	天津港信息技术发展有限公司
717	中盐工程技术研究院有限公司
718	天津大沽化工股份有限公司
719	天津大港油田圣达科技有限公司
720	天津市兴源化工有限公司
721	天津市大港仪表有限公司
722	天津市大港汽车零件组装厂
723	天津瑞泰精细化工有限公司
724	广和基业（天津）有限公司
725	天津市龙海特种线材有限公司
726	天津鹏翎集团股份有限公司
727	天津市大港汽车配件弹簧厂
728	天津市正方科技发展有限公司
729	天津中聚新能源科技有限公司
730	天津天大凯泰化工科技有限公司
731	天津亿鑫通科技股份有限公司
732	天津市塘沽津滨阀门有限公司
733	天津市罗根科技有限公司
734	中海油田服务股份有限公司
735	天津市海王星海上工程技术股份有限公司
736	天津天大天海化工新技术有限公司
737	天津市泰华科技有限公司
738	天津市肾友达医疗设备技术开发有限公司
739	天津中油渤星工程科技有限公司
740	天津市滨海新区塘沽建通防腐保温有限公司
741	天津易泰科技发展中心
742	天津市德恒科技有限公司
743	天津生机集团股份有限公司
744	天津斯巴克瑞汽车电子股份有限公司
745	天津爱智威机器人制造股份有限公司
746	天津南大通用数据技术股份有限公司
747	天津重钢机械装备股份有限公司
748	天津光电聚能专用通信设备有限公司
749	天津环鑫科技发展有限公司
750	天津明阳风电设备有限公司
751	天津强微特生物科技有限公司
752	天津锐敏科技发展有限责任公司
753	天津迈达医学科技股份有限公司

国家级高新技术企业（2206 家）（续十三）

序号	名称	序号	名称
754	三友（天津）高分子技术有限公司	783	天津市英环信诚科技有限公司
755	天津市山佳医药科技有限公司	784	天津三安光电有限公司
756	天津视讯云光电科技有限公司	785	天津市维科车辆技术有限公司
757	天津市裕川微生物制品有限公司	786	天津市南开太阳高技术发展有限公司
758	天津市天安怡和信息技术有限公司	787	天津神州浩天科技有限公司
759	天津北方恒业电气技术有限公司	788	天津颐博数码科技有限公司
760	天津市奥利达设备工程技术有限公司	789	天津保富电气有限公司
761	天津吉玄节能技术股份有限公司	790	天津市天地创智科技发展有限公司
762	天津赞普科技股份有限公司	791	天津水运工程勘察设计院
763	天津佰焰科技股份有限公司	792	天津市塘沽鑫宇环保科技有限公司
764	天津骥腾科技有限公司	793	天津瑞发科半导体技术有限公司
765	协和干细胞基因工程有限公司	794	天津新技术产业园区中核防水材料有限公司
766	北光科技发展（天津）有限公司	795	天津诚信达金属检测技术有限公司
767	天津市核人仪器设备有限公司	796	天津圣川软件开发有限责任公司
768	天津天药药业股份有限公司	797	天津津荣天宇精密机械股份有限公司
769	天津市恒一机电科技有限公司	798	天津博和利软件设计有限公司
770	天津巴莫科技股份有限公司	799	天津容大机电科技有限公司
771	天津唐邦科技股份有限公司	800	天津鼎成高新技术产业有限公司
772	天津市畅和科技有限公司	801	天津通广集团振通电子有限公司
773	天津七六四通信导航技术有限公司	802	天津星通物联物联网应用技术研究院有限公司
774	天津锐新昌轻合金股份有限公司	803	天津罗斯诺普信息技术有限公司
775	天津港东科技发展股份有限公司	804	天津阿贝斯努科技有限公司
776	天津市科迪信息技术有限责任公司	805	天津市联进电子工程技术有限公司
777	津伦（天津）精密机械股份有限公司	806	天津海泰环保科技发展股份有限公司
778	天津市国瑞数码安全系统股份有限公司	807	天津精通控制仪表技术有限公司
779	天津市巨展机房装备有限公司	808	天津通广集团专用设备有限公司
780	天津市环欧半导体材料技术有限公司	809	天津市奥特梅尔光电科技有限公司
781	天津中海油服化学有限公司	810	天津锋时互动科技有限公司
782	天津市国盛工程造价咨询有限公司	811	天津榛发科技有限责任公司

国家级高新技术企业（2206 家）（续十四）

序号	名称	序号	名称
812	天津市同业科技发展有限公司	841	天祥（天津）质量技术服务有限公司
813	天津市协和医药科技集团有限公司	842	天津中环领先材料技术有限公司
814	天津市中力防雷技术有限公司	843	天津市行之电力科技发展有限公司
815	天津安捷公共设施服务有限公司	844	天津宏大纺织机械有限公司
816	天津市斯莱顿电子有限公司	845	天津市创举科技股份有限公司
817	汉柏科技有限公司	846	天津明阳风能叶片技术有限公司
818	天津赛象科技股份有限公司	847	天津天地伟业物联网技术有限公司
819	天津市海日电子有限公司	848	天津金硕信息科技集团股份有限公司
820	航天海鹰光电信息技术（天津）有限公司	849	天津天堰科技股份有限公司
821	星际空间（天津）科技发展有限公司	850	天津蓝天太阳科技有限公司
822	天津市天大天发科技有限公司	851	天津成科自动化工程技术有限公司
823	天津市詹佛斯科技发展有限公司	852	天津奥特控制设备有限公司
824	天津成科传动机电技术股份有限公司	853	利丰工程技术（天津）有限公司
825	天津艾杰环保技术工程有限公司	854	天津市亚威达科技有限责任公司
826	天津市泰森数控科技有限公司	855	天津天河分析仪器有限公司
827	中环天仪股份有限公司	856	天津华翼蓝天科技股份有限公司
828	天津市鹏翔科技有限公司	857	天津家居安智能科技股份有限公司
829	天津市东方龙光电测控技术有限公司	858	核工业理化工程研究院华核新技术开发公司
830	华禹天元（天津）信息技术有限公司	859	天津津能易安泰科技有限公司
831	天津占德科技有限公司	860	诺威尔（天津）能源装备股份有限公司
832	天津市葆沃软件科技有限公司	861	天津市亚安科技有限公司
833	天津市浦海新技术有限公司	862	天津必利优科技发展有限公司
834	天津市英贝特航天科技有限公司	863	天津津伯仪表技术有限公司
835	天津市汉康医药生物技术有限公司	864	中国水利水电第十三工程局有限公司
836	天津陆海石油设备系统工程有限责任公司	865	斯坦姆（天津）细胞工程技术有限公司
837	天津神能科技有限公司	866	施耐德万高（天津）电气设备有限公司
838	天津镁特威科技有限公司	867	天津市海斯特电机有限公司
839	天津市北海通信技术有限公司	868	天津道可道物流信息网络技术有限公司
840	天津三岛输送机械有限公司	869	天津三泰晟驰科技股份有限公司

国家级高新技术企业（2206 家）（续十五）

序号	名称	序号	名称
870	天津市华邦科技发展有限公司	899	天津天地伟业数码科技有限公司
871	天津南开创元信息技术有限公司	900	天津天大天久科技股份有限公司
872	瑞尔斯达（天津）现代建材有限公司	901	天津力神电池股份有限公司
873	天津天大求实电力新技术股份有限公司	902	天津市圣世莱科技有限公司
874	天津市德力电子仪器有限公司	903	天津泰达新水源科技开发有限公司
875	天津市优耐特汽车电控技术服务有限公司	904	天津科瑞达涂料化工有限公司
876	天津广播电视网络有限公司	905	天津海祺高新技术有限公司
877	中科遥感科技集团有限公司	906	天津爱尼机电有限公司
878	天津市双源津瑞科技有限公司	907	天津摩根坤德高新科技发展有限公司
879	天津金宇信息技术有限公司	908	博爱（中国）膨化芯材有限公司
880	天津博苑高新材料有限公司	909	科瑞泰医疗信息技术（天津）有限公司
881	巴士德新技术（天津）有限公司	910	天津泰达环保有限公司
882	天津光电久远科技有限公司	911	天津药业研究院有限公司
883	天津市灵捷传动技术有限公司	912	天津芯之铠热管理技术研发有限公司
884	天津力神特种电源科技股份公司	913	天津一重电气自动化有限公司
885	曙光信息产业股份有限公司	914	国美（天津）水技术工程有限公司
886	天津光电高斯通信工程技术股份有限公司	915	天津中环新光科技有限公司
887	天津国锐工程实验检测有限公司	916	天津菲特测控仪器有限公司
888	天津市金凤凌云科技有限公司	917	连展科技（天津）有限公司
889	天地图（天津）有限公司	918	天津键凯科技有限公司
890	天津市裕川干粉砂浆有限公司	919	天津国芯科技有限公司
891	天津市聚星康华医药科技有限公司	920	天津锦泰勤业精密电子有限公司
892	天津凯发电气股份有限公司	921	天津中能锂业有限公司
893	天津南开允公医药科技有限公司	922	天津市益倍建生物技术有限公司
894	天津华迈燃气装备股份有限公司	923	双竞科技有限公司
895	天津长飞鑫茂光通信有限公司	924	天津金耀药业有限公司
896	天津市品通电力科技有限公司	925	天津精一科技发展股份有限公司
897	天津药物研究院药业有限责任公司	926	天津立中合金集团有限公司
898	天津市威曼生物材料有限公司	927	天津海龙石油地球物理勘探有限公司

国家级高新技术企业（2206家）（续十六）

序号	名称	序号	名称
928	联安海洋工程（天津）有限公司	957	天津清源电动车辆有限责任公司
929	天津博益气动股份有限公司	958	天津立中集团股份有限公司
930	天津新政宏昊数字信息技术有限公司	959	天津尖峰弗兰德医药科技发展有限公司
931	天津宝瑞生物技术有限公司	960	天津华盛昌齿轮有限公司
932	天津克睿特维科技发展有限公司	961	天津膜天膜科技股份有限公司
933	天津微纳芯科技有限公司	962	天津昂赛细胞基因工程有限公司
934	天津天达联合工程技术有限公司	963	天津爱安特科技股份有限公司
935	天津市远海声学仪器有限公司	964	天津中财型材有限责任公司
936	飞思卡尔半导体（中国）有限公司	965	凯诺斯（中国）铝酸盐技术有限公司
937	天津普乐利思科技有限公司	966	天津三箭生物技术股份有限公司
938	天津普达软件技术有限公司	967	天津开发区精锐精密模具有限公司
939	天津滨海新区科劳得科技研发有限公司	968	妙可蓝多（天津）食品科技有限公司
940	飞比达电子元器件（天津）有限公司	969	天津欧本创意科技有限公司
941	天津海林生态建设股份公司	970	中矿（天津）岩矿检测有限公司
942	天津南港信息网络有限公司	971	天津药明康德新药开发有限公司
943	天津新丰制药有限公司	972	天津精采潜龙软件技术有限公司
944	58同城信息技术有限公司	973	天津瑞贝精密机械技术研发有限公司
945	天津博纳艾杰尔科技有限公司	974	天津北洋百川生物技术有限公司
946	天津开发区先特网络系统有限公司	975	正源堂（天津）生物科技有限公司
947	天津英康科技股份有限公司	976	天津航天瑞莱科技有限公司
948	易泰达科技有限公司	977	天津深之蓝海洋设备科技有限公司
949	腾讯数码（天津）有限公司	978	天津星马汽车有限公司
950	天津全和诚科技有限责任公司	979	天津生物芯片技术有限责任公司
951	天津重型装备工程研究有限公司	980	天津芯硕精密机械有限公司
952	天津市尖峰天然产物研究开发有限公司	981	天津那诺机械制造有限公司
953	天津光电安辰信息技术股份有限公司	982	天津优量锂能科技有限公司
954	天津市天大银泰科技有限公司	983	天津益华微电子有限公司
955	天津鎏虹科技发展有限公司	984	天津悦龙科技有限公司
956	天津汉海环保设备有限公司	985	旭丰（天津）电子设备有限公司

国家级高新技术企业（2206家）（续十七）

序号	名称	序号	名称
986	天津中天翔翼航空科技有限公司	1015	天津今明仪器有限公司
987	天津青松华药医药有限公司	1016	天津东方锐镭科技有限责任公司
988	天津港欧亚国际集装箱码头有限公司	1017	天津特立环保科技有限公司
989	天津天保热电有限公司	1018	天津龙智科技有限公司
990	百超（天津）激光技术有限公司	1019	天津凯普林光电科技有限公司
991	圣地芬雷选煤工程技术（天津）有限公司	1020	天津日辉信息技术有限公司
992	天津威瀚电气股份有限公司	1021	天津骏信通博科技有限公司
993	天津市华明永盛包装制品有限公司	1022	天津共创永合科技发展有限公司
994	天津元顺物流有限公司	1023	天津匙优科技有限公司
995	天津市雅诺达信息科技有限公司	1024	天津安泰微电子技术有限公司
996	鲸宇（天津）科技有限公司	1025	创石（天津）化工有限公司
997	天津海润海上技术股份有限公司	1026	天津市阿兰斯特科技有限公司
998	赛维（天津）供应链管理有限公司	1027	天津市文源通信技术服务有限公司
999	天津合美医药科技有限公司	1028	天津天海宏图科技有限公司
1000	天津市安通科技有限公司	1029	天津港保税区世纪龙科技发展有限公司
1001	天津保利节能工程技术有限公司	1030	云瑞科技（天津）有限公司
1002	天津市中核科技实业有限公司	1031	威亚（天津）数控技术有限公司
1003	天津天高感应加热有限公司	1032	天津市泓宇达科技发展有限公司
1004	鑫明基业（天津）新能源科技有限公司	1033	天津渤化石化有限公司
1005	天津义之和科技发展有限公司	1034	中再联合（天津）环境科技有限公司
1006	天津市祎祥科技发展有限公司	1035	天津市北洋岩土工程有限公司
1007	天津腾云智航科技有限公司	1036	天津市天馨园林工程有限公司
1008	天津市恒华机电设备工程有限公司	1037	凌云科技（天津）股份有限公司
1009	天津九鹏汽车装备技术有限公司	1038	天津美腾科技有限公司
1010	洛克木铝建材（天津）有限公司	1039	天津仙山文化传播有限公司
1011	天津天利航联火灾报警设备有限公司	1040	天津锐创环保工程有限公司
1012	天津耀莱数字科技有限公司	1041	天津天象互动科技有限公司
1013	天津天锻航空科技有限公司	1042	天津火星文化有限公司
1014	米思克（天津）切削技术有限公司	1043	天津百逸互娱动漫有限公司

国家级高新技术企业（2206 家）（续十八）

序号	名称	序号	名称
1044	天津滨海旅游区水务发展有限公司	1073	天津富力丰汽车部件有限公司
1045	中国建筑科学研究院天津分院	1074	天津汇锦集团有限公司
1046	天津慧光科技有限公司	1075	天津滨海新区塘沽环科新河污水处理有限公司
1047	美屋三六五（天津）科技有限公司	1076	天津市新业船务工程有限公司
1048	天津百诺通达科技有限公司	1077	天津奥群牧业有限公司
1049	天津住宅科学研究院有限公司	1078	天津鲁源塑料制品有限公司
1050	天津喜诺生物医药有限公司	1079	天津金鼎管道有限公司
1051	天津仪控科技有限公司	1080	天津市龙海东升金属制品有限公司
1052	天津乾元企业管理咨询有限公司	1081	天津浩伦气体有限公司
1053	大漠（天津）数字影像有限公司	1082	天津宏泰空调净化设备有限责任公司
1054	天津弘毅致远科技有限公司	1083	天津金辉兴新能源科技有限公司
1055	天津大道高科信息技术有限公司	1084	天津市玉鼎轩模具制造有限公司
1056	天津市安华国强信息技术有限公司	1085	天津市润泓达管件制造有限公司
1057	天津中棋惟业体育发展有限公司	1086	天津市德润工贸有限公司
1058	天津神州佳创科技发展有限公司	1087	天津市沃必达涂料有限公司
1059	天津创博兴业信息技术有限公司	1088	天津市旺恒科技有限公司
1060	天津惠民达科技发展有限公司	1089	天津滨海洪发油墨有限公司
1061	天津展鹏科技发展集团有限公司	1090	天津市德堡印刷有限公司
1062	天津宏基伟业科技发展有限公司	1091	天津市大港齿轮厂
1063	天津新金融文化科技发展有限公司	1092	天津众恒控制工程有限公司
1064	驰美科技（天津）股份有限公司	1093	天津赢时利网络科技有限公司
1065	天津弘创智融科技有限公司	1094	天津合世科贸有限责任公司
1066	伟世德测控技术（天津）有限公司	1095	中建六局安装工程有限公司
1067	天津小猫科技有限公司	1096	天津市盛鑫鹏交通设施有限公司
1068	天津绿农源生物科技有限公司	1097	天津市明新电子有限公司
1069	天津德瑞安海洋工程有限公司	1098	天津市飞龙制管有限公司
1070	天津长芦汉沽盐场有限责任公司	1099	天津富耀石油机械设备制造有限公司
1071	天津星漫汽车部件有限公司	1100	天津市绿亨化工有限公司
1072	天津滨海大田纺织有限公司	1101	天津海纳龙化工有限公司

国家级高新技术企业（2206 家）（续十九）

序号	名称	序号	名称
1102	天津市领航科技发展有限公司	1131	天津市亿霖特科技发展有限公司
1103	天津鑫宇通防腐保温工程有限公司	1132	天津华新鼎盛科技有限公司
1104	天津万井科技开发有限公司	1133	中文在线（天津）文化发展有限公司
1105	天津长芦海晶集团有限公司	1134	天津市劲螨科技发展股份有限公司
1106	天津市韵尼科技有限公司	1135	天津市安卓公共设施服务有限公司
1107	天津市晟意德农业科技有限公司	1136	天津市海诺科技有限公司
1108	天津爱博生技术开发股份有限公司	1137	天津皿鎏软件有限公司
1109	中铁十八局集团第五工程有限公司	1138	天津伍嘉联创科技发展股份有限公司
1110	天津华泰汽车车身制造有限公司	1139	天津海上电子有限公司
1111	中海油能源发展装备技术有限公司	1140	天津兰摩云创数据互联科技有限公司
1112	天津亚克互动科技有限公司	1141	易景环境科技（天津）股份有限公司
1113	联合矿产（天津）有限公司	1142	天津滨海设备配套技术有限公司
1114	天津创游世纪科技有限公司	1143	天津信华电子材料有限责任公司
1115	天津亿玛科技有限公司	1144	天津华日自动化系统工程有限公司
1116	亿玛创新网络（天津）有限公司	1145	天津富强鑫塑胶机械科技有限公司
1117	天津网之易创新科技有限公司	1146	天津汇创动力电子技术有限公司
1118	天津鼎维固模架工程股份有限公司	1147	天津市渤海新能电力系统技术有限公司
1119	天津市环境保护技术开发中心设计所	1148	天津纳百川科技发展有限公司
1120	天津中环信息技术有限公司	1149	天津益康世纪抗菌新材料科技有限公司
1121	天津峰景光电科技有限公司	1150	天津市众泰化工科技有限公司
1122	天津市格林利福新技术有限公司	1151	天津英吉客科技发展有限公司
1123	天津海门建材有限公司	1152	天津瑞岭化工有限公司
1124	天津恒天新能源汽车研究院有限公司	1153	天津中节能智能玻显科技有限公司
1125	天津滨海光热集热技术有限公司	1154	天津市智为电子科技有限公司
1126	天津企悦在线科技股份有限公司	1155	天津市创辉津控科技发展有限公司
1127	天津麒麟信息技术有限公司	1156	百川伟业（天津）建筑科技股份有限公司
1128	禧天龙科技发展有限公司	1157	天津尼科斯测试技术有限公司
1129	天津中源邦达新能源工程技术有限公司	1158	易测智能科技（天津）有限公司
1130	天津九源化工工程有限公司	1159	天津达元吉科技有限公司

国家级高新技术企业（2206 家）（续二十）

序号	名称	序号	名称
1160	天津三卓智能科技有限公司	1189	天津市兆瑞测控技术有限公司
1161	天津广顺化学科技有限公司	1190	天津市云图汇展科技有限公司
1162	天津普维软件科技有限公司	1191	天津明硕机电设备有限公司
1163	天津市合润科技有限责任公司	1192	天津精仪精测科技有限公司
1164	天津海创世纪科技发展有限公司	1193	天津圣弘业环保科技有限公司
1165	天津燃洁斯工业设备有限公司	1194	天津金瑞格热能技术有限公司
1166	天津迈格科技有限公司	1195	工大科雅（天津）能源科技有限公司
1167	天津中安视通科技有限公司	1196	天津市三盛九和安全技术服务有限公司
1168	天津巴特力新能源材料有限公司	1197	天津安吉奥特科技有限公司
1169	天津国脉银河通信技术有限公司	1198	天津天网视通科技有限公司
1170	国能汽车技术开发有限责任公司	1199	天津利达昌基科技发展有限公司
1171	天津帝茨科技有限公司	1200	天津庆通科技有限公司
1172	中森包装材料（天津）有限公司	1201	天津高新区众远环境检测技术有限公司
1173	天津泰美科科技有限公司	1202	天津联创智信科技有限公司
1174	天津市舒泰医疗器械有限公司	1203	天津怡通科技有限公司
1175	天津汇智瑞达科技有限公司	1204	天津博宜特科技有限公司
1176	天津中科先进技术研究院有限公司	1205	天津市拓宝科技有限公司
1177	天津果实科技有限公司	1206	天津信熙缘科技有限公司
1178	天津市博控机电科技有限公司	1207	天津滨海储能技术有限公司
1179	天津中天海盛环保科技有限公司	1208	天津和光机电设备有限公司
1180	天津市科百汇自动化科技有限公司	1209	天津嘉美特矿业设备有限公司
1181	天津市华普科技发展有限公司	1210	天津秉铭科技有限公司
1182	华夏海洋能源工程（天津）股份有限公司	1211	天津易联银科技有限公司
1183	天津明和超音波科技有限公司	1212	天津斯康茵科技有限公司
1184	天津泛博生物科技有限公司	1213	赛维特（天津）科技有限公司
1185	天津时弘科技有限公司	1214	天津睿信创和电气有限公司
1186	天津戈特尔科技发展有限公司	1215	天津智易时代科技发展有限公司
1187	天津易通易联科技有限公司	1216	天津金视朗拓电子科技有限公司
1188	天津市长乐智安科技发展有限公司	1217	天津新泰基业电子股份有限公司

国家级高新技术企业（2206 家）（续二十一）

序号	名称	序号	名称
1218	天津沐森机电技术有限公司	1247	天津梅迪亚科技有限公司
1219	华科新能（天津）节能技术有限公司	1248	天津赛文海工科技有限公司
1220	天津冀内汽车装饰设计有限公司	1249	天津西帝尔科技发展有限公司
1221	天津市凯新电子有限公司	1250	天津鹰联科技有限公司
1222	天津国超软件技术有限公司	1251	天津时势科技有限公司
1223	天津起跑线生物信息技术有限公司	1252	天津立信华创信息技术有限公司
1224	天津津松伟业科技有限公司	1253	天津砚津科技有限公司
1225	天津岩石科技有限公司	1254	天津市诚志信息技术有限公司
1226	天津孚美孚森机电设备工程有限公司	1255	天津智安微电子技术有限公司
1227	天津市天门进保科技有限公司	1256	天津铄果科技发展有限公司
1228	天津市利源捷能气调保鲜设备有限公司	1257	易思维（天津）科技有限公司
1229	天津沃威水务科技有限公司	1258	天津市鼎瑞生物技术有限公司
1230	天津浪淘科技发展有限公司	1259	天津市布加迪环保科技发展有限公司
1231	天津求实智源科技有限公司	1260	天津爱派蓝科技有限公司
1232	天津亚陆海东电器设备有限公司	1261	天津纤测道客科技发展有限公司
1233	天津膜天膜工程技术有限公司	1262	天津知者科技有限公司
1234	天津市兰尚建筑设计咨询有限公司	1263	天津灵隆科技有限公司
1235	天津斯坦姆生物科技有限公司	1264	天津慧医谷科技有限公司
1236	天津顺风志云科技有限公司	1265	天津嘉诚信科技有限公司
1237	易创高科集团有限公司	1266	天津市凌津工贸发展有限公司
1238	天津烽火征途科技有限公司	1267	元拓工业设计咨询（天津）有限公司
1239	十月传奇（天津）科技有限公司	1268	天津市瑞智安包装机械制造有限公司
1240	天津荆楚建筑安装工程有限公司	1269	天津梓煊浩柏科技有限公司
1241	天津市宇宏达科技发展有限公司	1270	唯多维科技（天津）有限公司
1242	天津谷堆生物医药科技有限公司	1271	天津乐智游网络科技有限公司
1243	天津狄克特科技有限公司	1272	天津博普科技有限公司
1244	天津纯态化学工程技术有限公司	1273	天津歌瑞特科技有限公司
1245	天津新星科能源技术有限公司	1274	天津安必森生物技术有限公司
1246	天津日中环保科技股份有限公司	1275	天津可盟拓信息技术有限公司

国家级高新技术企业（2206 家）（续二十二）

序号	名称	序号	名称
1276	天津尚嘉信通科技有限公司	1305	中天正涵（天津）环保科技有限公司
1277	天津泰丰兴业科技有限公司	1306	福安易数据技术（天津）有限公司
1278	雷神科技（天津）有限公司	1307	天津兰尚卓居智能科技有限公司
1279	天津中领水系统技术有限公司	1308	天津瑟威兰斯科技有限公司
1280	天津森海科技发展股份有限公司	1309	天津市紫晶特种光源有限公司
1281	喆设科技（天津）有限公司	1310	门得赛特（天津）科技有限公司
1282	天津英太飞科技有限公司	1311	天津腾迈科技有限公司
1283	天津嘉诺科技有限公司	1312	天津信佳科技有限公司
1284	天津简氏环保技术有限公司	1313	天津永达科技有限公司
1285	天津市海谐投资有限公司	1314	天津易普科技发展有限公司
1286	天津瀚宇扬天科技有限公司	1315	天津蔼卡健康科技有限公司
1287	天津滨海高新区望越科技发展有限公司	1316	天津宏华焊研机器人科技有限公司
1288	天津市巨源科技有限公司	1317	天津宇川科技有限公司
1289	天津山药蛋科技有限公司	1318	天津星光教育科技有限公司
1290	天津百玛生物科技工程有限公司	1319	天津缘荣科技发展有限公司
1291	天津艾申德斯科技有限公司	1320	天津亿海生物科技有限公司
1292	天津市英格环保科技有限公司	1321	中研创展（天津）科技有限公司
1293	全民互联科技（天津）有限公司	1322	互联智控科技（天津）有限公司
1294	天津滨海光热跟踪技术有限公司	1323	天津破风者科技有限公司
1295	天津华普天力实业有限公司	1324	天津市睿智济世科技开发有限公司
1296	天津市中际慧信科技有限公司	1325	天津铭志成科技有限责任公司
1297	天津讯宝传媒科技有限公司	1326	天津克劳德数据科技有限公司
1298	绿色储能技术研究院有限公司	1327	天津市嘉尔屹科技发展有限公司
1299	天津樽融科技有限公司	1328	天津泉洁科技有限公司
1300	中创恩（天津）科技有限公司	1329	天津超平新材料科技有限公司
1301	天津慧海创先科技发展有限公司	1330	天津伏科思新能源科技有限公司
1302	天津博仕化工科技有限公司	1331	天津冠力博石油科技有限公司
1303	天津御遨航空科技发展有限公司	1332	天津绿野信息技术有限公司
1304	天津金源宝科技股份有限公司	1333	天津瑞肯新型材料科技有限公司

国家级高新技术企业（2206 家）（续二十三）

序号	名称	序号	名称
1334	鑫银科技集团股份有限公司	1363	天津雅奥科技发展有限公司
1335	天津港中煤华能煤码头有限公司	1364	亿昇（天津）科技有限公司
1336	天津哈娜好医材有限公司	1365	天津市森鑫科技有限公司
1337	天津津亚电子有限公司	1366	天津泰林科技发展有限公司
1338	天津融宝支付网络有限公司	1367	天津科林电气有限公司
1339	天津市泰达工程设计有限公司	1368	天津滨新太阳能发电有限公司
1340	鲜活果汁工业（天津）有限公司	1369	天津畅润华生物科技有限公司
1341	天津斯坦雷电气科技有限公司	1370	天津清科环保科技有限公司
1342	猎道信息技术有限公司	1371	天津海之星水下机器人有限公司
1343	天津开发区兴衡石油机械配件有限公司	1372	天津优智达科技有限公司
1344	华胜蓝泰科技（天津）有限责任公司	1373	天津维晟微科技有限公司
1345	天津智慧工厂在线电子商务有限公司	1374	天津北芯微科技有限公司
1346	天津开发区天盈企业有限公司	1375	天津市金特科技发展有限公司
1347	天津市康世生物技术有限公司	1376	天津市威陌科技发展有限公司
1348	诺思（天津）微系统有限公司	1377	天津开发区环海彩色包装印刷股份有限公司
1349	莱科德信息科技（天津）有限公司	1378	天津智雍科技发展有限公司
1350	天津哞哞科技发展有限公司	1379	天津奥华能源技术咨询服务有限公司
1351	天津道生至和网络科技有限公司	1380	天津宇泰信息技术咨询服务有限公司
1352	天津市津绿宝农药制造有限公司	1381	天津卡普希科技有限公司
1353	佰邦达科技（天津）有限公司	1382	华锂（天津）机电装备技术有限公司
1354	天津安讯通电缆有限公司	1383	天津湃讯科技发展有限公司
1355	天河大成建筑云科技（天津）有限公司	1384	天津极云科技有限公司
1356	中国包装科研测试中心	1385	天津神驰软件有限公司
1357	天津大海电信科技有限公司	1386	天津泰凡科技有限公司
1358	天津华胜天成软件技术有限公司	1387	天津安能软件有限公司
1359	天津泰达信息系统工程监理有限公司	1388	天津云度科技有限公司
1360	天津经纬智图信息技术有限公司	1389	天津迈基生物科技有限公司
1361	正洋电子（天津）有限公司	1390	天津拓科思科技有限公司
1362	皇家乐宏建筑系统（天津）有限公司	1391	天津市吉赫科技有限公司

国家级高新技术企业（2206 家）（续二十四）

序号	名称	序号	名称
1392	华兆鼎泰科技（天津）有限公司	1421	天津津云首创科技发展有限公司
1393	天津图蓝科技有限责任公司	1422	天津凤凰空间文化传媒有限公司
1394	天津云道科技有限公司	1423	中国生态城市研究院有限公司
1395	乐康珍泰（天津）生物技术有限公司	1424	天津泰岳小漫科技有限公司
1396	天津新其科技发展有限公司	1425	唯美爱科技（中国）有限公司
1397	铜雀梦乔（天津）科技发展有限公司	1426	远大低碳技术（天津）有限公司
1398	天津朗华科技发展有限公司	1427	天津游奕互动软件有限公司
1399	餐百汇（天津）信息技术有限公司	1428	得到（天津）文化传播有限公司
1400	天津索利普智能科技有限公司	1429	乐融致新电子科技（天津）有限公司
1401	天津微锐生物科技有限公司	1430	贝式计算（天津）信息技术有限公司
1402	波纳维科（天津）医疗科技有限公司	1431	天津联合智选科技有限公司
1403	天津开发区精诺瀚海数据科技有限公司	1432	天津吉森机电设备工程有限公司
1404	天津通软信息技术有限公司	1433	中民投（天津）科技有限公司
1405	天津鹏翔华夏科技有限公司	1434	天津市龙观科技有限公司
1406	天津瑞博思传动科技有限公司	1435	天津市津能滨海热电有限公司
1407	灏灵赛奥（天津）生物科技有限公司	1436	天津建城基业管桩有限公司
1408	厚凯（天津）医疗科技有限公司	1437	天津普惠物联网技术有限公司
1409	天津傲迅科技发展有限公司	1438	天津市聚阵科技发展有限公司
1410	天津多态混机械设备有限公司	1439	天津港孚石油机械制造有限公司
1411	天津中新华兴光电技术有限公司	1440	天津市石建工程建设监理有限责任公司
1412	天津明漫天下动漫文化传播有限公司	1441	天津唯易科技发展有限公司
1413	天津市裕控科技有限公司	1442	天津龙源泰科技有限公司
1414	天津生态城慧丰和科技有限公司	1443	天津津龙水工海洋工程有限公司
1415	海智（天津）大数据服务有限公司	1444	天津市锦柏诚石油工程技术服务有限公司
1416	思享知行（天津）科技有限公司	1445	联顺辉（天津）油田技术服务有限公司
1417	天津生态城数聚空间信息技术有限公司	1446	天津港石油化工码头有限公司
1418	天津中软通用信息技术有限公司	1447	神华天津煤炭码头有限责任公司
1419	河山影业（天津）有限公司	1448	天津高格新型渔业技术有限公司
1420	天津市德富亚科技有限公司	1449	天津众智飞扬环境科技有限公司

国家级高新技术企业（2206 家）（续二十五）

序号	名称	序号	名称
1450	天津海得润滋建材有限公司	1479	天津市耀华包装有限责任公司
1451	天津鑫晟共创科技发展有限公司	1480	天津市天泽诚包装制品有限公司
1452	天津吉诺达科技开发有限公司	1481	安固士（天津）建筑材料有限公司
1453	天津升华机械设备有限公司	1482	天津振华祥平玻璃有限公司
1454	天津市锴瑞金属制品股份有限公司	1483	天津市圣大包装有限公司
1455	天津大港油田宇信质量检测有限公司	1484	天津市龙盛汽车配件有限公司
1456	天津市联友信通科技有限公司	1485	天津市晟鑫化工有限公司
1457	天津启笛生物科技有限公司	1486	天津石然化工有限公司
1458	韦尔斯润滑油（天津）有限公司	1487	天津天航智远科技有限公司
1459	天津同方工程技术咨询有限公司	1488	天津合众创展科技有限公司
1460	天津农盛农业科技有限公司	1489	航大汉来（天津）航空技术有限公司
1461	天津滨电电力工程有限公司	1490	非常（天津）科技有限公司
1462	天津克莱维科技发展有限公司	1491	天津新联创科智能技术有限公司
1463	天津人和船舶工程有限公司	1492	天津极数科技有限公司
1464	天津港航桩业有限公司	1493	天津翼阳华睿科技有限公司
1465	天津学子电力设备科技有限公司	1494	天津嘉昱科技有限公司
1466	天津科碧微粉技术有限公司	1495	天津创蓝环保科技有限公司
1467	天津市津能风电有限责任公司	1496	天津方标环境科技有限公司
1468	天津市环皓化工有限公司	1497	天津麦蜂信息科技有限公司
1469	天津长城协同油脂有限公司	1498	天津正丽科技有限公司
1470	天津日石润滑油脂有限公司	1499	天津市龙冠科技有限公司
1471	天津市滨海新区兴宏达石油设备有限公司	1500	勒德节能科技（天津）有限公司
1472	天津兴映精密机械制造有限公司	1501	天津百恩生物科技有限公司
1473	天津市亚威电缆桥架有限公司	1502	天津杰出科技发展有限公司
1474	天津市云来机电设备发展有限公司	1503	天津所托瑞安汽车科技有限公司
1475	天津市盛誉达包装有限公司	1504	天津布鲁艾诺航空机器人科技有限公司
1476	天津天润达包装制品有限公司	1505	天津大米科技有限公司
1477	天津华旭盛达机械制造有限公司	1506	中科和素（天津）医药科技有限公司
1478	天津凯诺工贸有限公司	1507	天津创智机器人科技有限公司

国家级高新技术企业（2206 家）（续二十六）

序号	名称	序号	名称
1508	天津云川科技有限公司	1537	天津市邮电设计院有限责任公司
1509	天津云脉三六五科技有限公司	1538	天津瑞信医药科技有限公司
1510	天津通用科技有限公司	1539	天津临港园林建设有限公司
1511	天津彼洋机器人系统工程有限公司	1540	天津龙净环保科技有限公司
1512	天津孚洛泰科技有限公司	1541	海航航空技术（天津）有限责任公司
1513	临川环境技术（天津）有限公司	1542	汉特曼轻金属铸造（天津）有限公司
1514	天津鑫隆机场设备有限公司	1543	捷尔杰（天津）设备有限公司
1515	天津旺辉建筑设计咨询股份有限公司	1544	天津鞍钢天铁冷轧薄板有限公司
1516	天津雷森热电工程有限公司	1545	天津梦佳智创科技发展有限公司
1517	天津市众源电力工程股份有限公司	1546	天津万为科技发展有限公司
1518	天津市蓝十字膜技术有限公司	1547	天津市西数科技有限公司
1519	天津经天航空科技有限公司	1548	天津远航科技有限公司
1520	天津书生云科技有限公司	1549	天津华艺众联文化传播有限公司
1521	天津蝶桥厨房设备有限公司	1550	天津市帕金科技发展有限公司
1522	联想新视界（天津）科技有限公司	1551	天津慎达科技有限公司
1523	小斑马科技（天津）有限公司	1552	天津霆客计算机信息技术有限公司
1524	天津临港信息管线有限公司	1553	天津加达云科技有限公司
1525	天津联想超融合科技有限公司	1554	天津市大然科技有限公司
1526	天津联想协同科技有限公司	1555	天津企鸿科技有限公司
1527	天津铜牛信息科技有限公司	1556	天津来学教育科技有限公司
1528	天津飞宇幕墙装饰工程有限公司	1557	天津市艾美特科技有限公司
1529	万电（天津）科技有限公司	1558	天津聚联瑞科技发展有限公司
1530	天津市顺康科技发展有限公司	1559	天津精琢科技发展有限公司
1531	天津智通信息系统集成有限公司	1560	中科联创（天津）科技有限公司
1532	天津孚睿无线科技有限公司	1561	天津时空游侠动漫科技有限公司
1533	智联网络技术有限公司	1562	天津伊养生物科技有限公司
1534	天津怡斯宝特面包工业有限公司	1563	天津联拓科技有限公司
1535	安胜（天津）飞行模拟系统有限公司	1564	爽易（天津）科技发展有限公司
1536	合力（天津）能源科技股份有限公司	1565	五红（天津）生物科技有限公司

国家级高新技术企业（2206 家）（续二十七）

序号	名称	序号	名称
1566	天津思拓联合科技有限公司	1595	天津市如健科技有限公司
1567	天津市天朝鼎盛环保科技有限公司	1596	天津乐童年科技发展股份有限公司
1568	天津市滨海新区吉羽自动化技术有限公司	1597	通天汽车桥（天津）有限公司
1569	天津晨创瑞辉科技有限公司	1598	天津云端视讯科技有限公司
1570	天津耐思达工程设计股份有限公司	1599	天津市泽众康健生物医药科技有限公司
1571	天津圣泽科技有限公司	1600	天津云众创赢科技有限公司
1572	天津天大滨海船舶与海洋工程研究院有限公司	1601	天津珩钰锦科技有限公司
1573	天津市谦滋科技有限公司	1602	华科五洲（天津）海洋工程有限公司
1574	中科国风科技有限公司	1603	天津市鑫思汇智科技发展股份有限公司
1575	天津市果热科技发展有限公司	1604	天津市天安博瑞科技有限公司
1576	天津二维科技有限公司	1605	天津智诚鸿宇科技有限公司
1577	天津柯基科技有限公司	1606	天津浩瀚宇鸿科技有限公司
1578	天津施英宝科技有限公司	1607	菲尔山科技（天津）有限公司
1579	天津金创盛远科技发展有限公司	1608	天津碧莹源净水科技有限公司
1580	天津信诺信诚科技有限公司	1609	天津太极风控网络科技有限公司
1581	天津天大天星自动控制设备有限公司	1610	天津市浩众成自动化技术有限公司
1582	天津华浔医疗科技有限公司	1611	天津知音网络科技有限公司
1583	天津格信智能科技有限公司	1612	天津普瑞文化传播有限公司
1584	天津会一自动化科技有限公司	1613	天津瀚海云易科技发展有限公司
1585	天津动芯科技有限公司	1614	天津市平泰科技有限责任公司
1586	天津尚福科技有限公司	1615	天津市安荣电子工程有限公司
1587	天津丫丫科技有限公司	1616	天津清联网络孵化器有限公司
1588	天津福德信泰生物科技有限公司	1617	天津市川迪科技有限公司
1589	天津天成恒创能源科技有限公司	1618	天津创程动力科技有限公司
1590	世纪亿康（天津）医疗科技发展有限公司	1619	天津亿峰达机电设备技术有限公司
1591	天津天润益康环保科技有限公司	1620	天津给力科技发展股份有限公司
1592	天津远科科技发展有限公司	1621	天津凌天科技有限公司
1593	天津凡创科技有限公司	1622	天津智周自动化设备制造有限公司
1594	天津创通先维科技有限公司	1623	天津奇幻岛科技有限公司

国家级高新技术企业（2206 家）（续二十八）

序号	名称	序号	名称
1624	天津鼎昊科技发展股份有限公司	1653	天津美电医疗科技有限公司
1625	天津市技友先达科技有限公司	1654	天津智信数字科技有限公司
1626	天津君士潜海计时仪器有限公司	1655	天津滋源环保科技有限公司
1627	天津琨鹏宏发科技有限公司	1656	天津恒旭网络科技股份有限公司
1628	天津天电清源科技有限公司	1657	天津派诺瑞科技有限公司
1629	天津华通网络工程有限公司	1658	天津市领航实验设备股份有限公司
1630	天津奥卡姆自控技术有限公司	1659	天津聚合鼎晟科技有限公司
1631	天津瑞诚信欧电子科技有限公司	1660	汇星海科技（天津）有限公司
1632	天津盛夏信息技术有限公司	1661	天津中兴智联科技有限公司
1633	天津英福科技有限公司	1662	天津中际装备制造有限公司
1634	天津广康电子信息技术有限公司	1663	天津市四方圆包装制品有限公司
1635	天津世纪新联通科技有限公司	1664	天津尚能巨源能源科技有限公司
1636	天津思德海科技有限公司	1665	荣耀智慧（天津）工程设计有限公司
1637	天津凯美迪科技发展有限公司	1666	天津微深通用科技有限公司
1638	伺玛特（天津）科技发展有限公司	1667	天津雅巢装饰工程有限公司
1639	天津骏睿科技有限公司	1668	天津骏诚金科新能源科技有限公司
1640	天津卓越互娱科技有限公司	1669	天津理想动力科技有限公司
1641	天津市智慧云商科技发展股份有限公司	1670	天津华泰克数码科技有限公司
1642	天津卓越奇点科技有限公司	1671	天津众利和自动化科技有限公司
1643	天津哈德韦尔自控技术有限公司	1672	天津普行科技有限公司
1644	天津海瑞克科技有限公司	1673	天津市首通工程检测技术有限公司
1645	天津宅美智能科技有限公司	1674	天津市久沃能源科技有限公司
1646	天津天美软件开发有限公司	1675	天津市中通联信科技有限公司
1647	天津市硕丰科技股份有限公司	1676	天津壬辰软件开发有限公司
1648	天津康瑞天宇科技股份有限公司	1677	天津市恒润环境工程有限公司
1649	天津市晟天成科技发展有限公司	1678	天津市迅尔电子信息技术有限公司
1650	天津安达发科技有限公司	1679	天津浩华民生科技发展有限公司
1651	天津华为停车管理有限公司	1680	天津优可信科技有限公司
1652	天津万立鑫晟新材料技术研究院有限公司	1681	天津晟亨德科技发展有限公司

国家级高新技术企业（2206 家）（续二十九）

序号	名称	序号	名称
1682	天津市大地海陆岩土工程技术开发有限公司	1710	天津飞眼无人机科技有限公司
1683	天津鲲飞环保科技有限公司	1711	天津威硕电子技术有限公司
1684	天津联创金石自动化科技有限公司	1712	天津银雁外包服务有限公司
1685	天津电科信息技术有限公司	1713	天津惠尔稼种业科技有限公司
1686	天津市威奥科技有限公司	1714	天津金汇科技股份有限公司
1687	天津远程华瑞工业技术有限公司	1715	天津安宇华泰科技发展有限公司
1688	天津华泰清源环境技术有限公司	1716	天津华尚新路德汽车技术有限公司
1689	天津中电和讯智能科技有限公司	1717	天津鹏鹄科技有限公司
1690	天津深润达科技有限公司	1718	天津环科环安科技有限公司
1691	天津方联科技发展有限公司	1719	天津兴胜蓝天洁净煤科技股份有限公司
1692	天津西捷恒泰科技有限公司	1720	文博创造展览展示（天津）有限公司
1693	天津智捷利通科技发展有限公司	1721	天津市金通正水处理技术开发有限公司
1694	津政汇土（天津）建设工程监理有限公司	1722	天津环科环境规划科技发展有限公司
1695	中和源泰（天津）环保科技有限公司	1723	天津赛象机电工程有限公司
1696	天津市海棠盛源环保科技有限公司	1724	天津克兰德斯科技有限公司
1697	天津市朝华电子技术有限公司	1725	天津兴邦科技有限公司
1698	汉高（天津）建筑材料有限公司	1726	天津滨海高新区五洲科技有限公司
1699	天津恒信创远科技有限公司	1727	天津兆美旭康科技有限公司
1700	天津金盛吉达新能源科技有限公司	1728	天津坤禾生物科技集团股份有限公司
1701	熙川数字（天津）科技有限公司	1729	天津八八六四网络技术有限公司
1702	石油和化学工业橡胶及再生产品质量监督检验中心（天津市质量监督检验站第四十二站）	1730	伟业创展（天津）展览有限公司
		1731	天津万禾网外贸综合服务管理有限公司
1703	三代光学科技（天津）有限公司	1732	天津爱勒易医药材料有限公司
1704	天津伊川生物材料有限公司	1733	天津和杰医疗器械有限公司
1705	天津津环环境工程咨询有限公司	1734	天津东研润泽科技股份有限公司
1706	天津东晟图地理信息技术有限公司	1735	天津英利光伏电站技术开发有限公司
1707	天津市道特企业管理咨询有限公司	1736	安普达（天津）科技股份有限公司
1708	天津奥利凯机电工程有限公司	1737	天津志臻自动化设备有限公司
1709	天津市先行多媒体网络技术有限公司	1738	天津卡姆思波信息技术有限公司

国家级高新技术企业（2206 家）（续三十）

序号	名称	序号	名称
1739	天津市傲景农业科技发展有限公司	1768	天津晋丞信息技术有限公司
1740	天津富勤科技股份有限公司	1769	天津溥瀛生物技术有限公司
1741	天津金力研汽车工程技术有限公司	1770	葡先生（天津）科技有限公司
1742	天津市韩齐润海科技有限公司	1771	天津市多智信息科技有限公司
1743	天津市北洋水运水利勘察设计研究院有限公司	1772	天津蓝色理想科技有限公司
1744	天津滨海光热反射技术有限公司	1773	天津华融金服科技有限公司
1745	中航大（天津）模拟机工程技术有限公司	1774	天津航峰希萨科技有限公司
1746	天津市达德网络技术有限公司	1775	天津海泽惠科技发展有限公司
1747	天津日标机械科技有限公司	1776	天津欧德莱生物医药科技有限公司
1748	天津市普辰电气工程有限公司	1777	天津云视通科技有限公司
1749	天津晓林汽车配件有限公司	1778	天津中易正德科技发展有限公司
1750	天津市津电能源科技发展有限公司	1779	天津天农云科技有限公司
1751	天津市兴先道科技有限公司	1780	天津市博瑞克泵业科技发展有限公司
1752	天津飞腾信息技术有限公司	1781	天津图灵数码有限公司
1753	天津市圣鑫泰钢绳索具制造有限公司	1782	天津众云互联科技有限公司
1754	天津赛恩能源技术股份有限公司	1783	天津三易达科技发展有限公司
1755	天津突破电气技术有限公司	1784	极猎信息技术（天津）股份有限公司
1756	天津环博科技有限责任公司	1785	天津达芸科技有限公司
1757	世本（天津）环境技术有限公司	1786	天津巨农科技有限公司
1758	天津天勤上达科技有限公司	1787	天津尚宝科技有限公司
1759	天津市兴业工程造价咨询有限责任公司	1788	天津德高化成光电科技有限责任公司
1760	天津市宝恒生物科技有限公司	1789	普迈康（天津）精准医疗科技有限公司
1761	大宇宙信息创造（中国）有限公司	1790	天津北方芯云科技有限公司
1762	天津市林海建设工程集团有限公司	1791	天津众通科技发展有限公司
1763	中发建筑技术集团有限公司	1792	天津瀚海蓝帆海洋科技有限公司
1764	天津环欧国际新能源科技有限公司	1793	灵智创然（天津）软件开发服务有限公司
1765	中国电子科技集团公司第十八研究所	1794	天津中航亿达科技有限公司
1766	天津市易弘霖信息技术有限公司	1795	天津云端智航科技有限公司
1767	天津谨立环保科技有限公司	1796	天津岩海华博科技发展有限公司

国家级高新技术企业（2206 家）（续三十一）

序号	名称	序号	名称
1797	天津亚西海洋石油技术服务有限公司	1826	康奇（天津）生物技术股份有限公司
1798	天津纽赛生物技术有限公司	1827	天津欧能电气有限公司
1799	天津斯隆达科技发展有限公司	1828	天津开发区振泰科技有限公司
1800	天津金匮堂生物科技有限公司	1829	天津量信检验认证技术有限公司
1801	天津博盛恒通科技有限公司	1830	天津开发区中兴电子科技有限公司
1802	天津和悦新材料有限公司	1831	天津畅发科技发展有限公司
1803	天津联洋机械工程有限公司	1832	天津磐石基业科技股份有限公司
1804	联云智科（天津）科技有限公司	1833	天津瑞丹辐射检测评估有限责任公司
1805	天津埃尔途自动化科技有限公司	1834	安博硅材料（天津）有限公司
1806	神州伟智（天津）科技有限公司	1835	华融科创生物科技（天津）有限公司
1807	联合通商科技（天津）有限公司	1836	天津创锦真空涂装制品有限公司
1808	恒德（天津）电子商务有限公司	1837	天津环科环境咨询有限公司
1809	天津艾意达科技有限公司	1838	天津望圆环保科技有限公司
1810	天津市云夫科技有限公司	1839	中农丰茂植保机械有限公司
1811	天津海控科技有限公司	1840	天津恒泰国际海洋工程有限公司
1812	天津开发区沃德鑫油田设备技术服务有限公司	1841	天津睿博龙物流股份有限公司
1813	科比环保科技（天津自贸试验区）有限公司	1842	天津建工集团建筑设计有限公司
1814	天津沃佰艾斯科技有限公司	1843	天津沛衡五金弹簧有限公司
1815	天津固特炉窑工程股份有限公司	1844	润银创世（天津）网络科技有限公司
1816	中煤（天津）洗选科技有限公司	1845	天津泰达工程管理咨询有限公司
1817	天津博世石油技术服务有限公司	1846	中国检验认证集团天津有限公司
1818	天津百安科技有限公司	1847	天津凯莱英制药有限公司
1819	天津康坦石油设备科技有限公司	1848	天津中环安讯达科技有限公司
1820	天津海河标测技术检测有限公司	1849	天津阿尔发保健品有限公司
1821	天津易联昇科技有限公司	1850	天津雄邦压铸有限公司
1822	天津岳东天合科技有限公司	1851	天津橙象信息科技有限公司
1823	天津宇丰船舶设备有限公司	1852	中信天津金融科技服务有限公司
1824	天津海纳天成能源管理有限公司	1853	中交天津港湾工程设计院有限公司
1825	天津天隆科技股份有限公司	1854	岱纳包装（天津）有限公司

国家级高新技术企业（2206 家）（续三十二）

序号	名称	序号	名称
1855	普拉那（天津）复合制品有限公司	1884	天津市宏远钛铁有限公司
1856	天津不二蛋白有限公司	1885	天津市欣德泰铁粉有限公司
1857	凯莱英医药集团（天津）股份有限公司	1886	天津东港计算机技术有限公司
1858	天津金融资产交易所有限责任公司	1887	天津运发生物有机肥科技有限公司
1859	五八有限公司	1888	长兴化学（天津）有限公司
1860	天津中海油能源发展油田设施管理有限公司	1889	中交（天津）生态环保设计研究院有限公司
1861	天津永高塑业发展有限公司	1890	天津联博化工股份有限公司
1862	同道精英（天津）信息技术有限公司	1891	天津市奥其蓄能器有限公司
1863	天津丰通铝合金科技有限公司	1892	中冶天工（天津）装备制造有限公司
1864	首创爱华（天津）市政环境工程有限公司	1893	天津滨海索尔特生物技术中心有限公司
1865	美克国际家私（天津）制造有限公司	1894	天津世起科技发展有限公司
1866	飞狐信息技术（天津）有限公司	1895	科迈化工股份有限公司
1867	中建六局建设发展有限公司	1896	天津恩光科技有限公司
1868	天津市大港华明化工厂	1897	天津医药集团津康制药有限公司
1869	天津市绿视野节能工程设备股份有限公司	1898	天津大港油田石油工程研究院钻采技术开发有限公司
1870	天津市大港镀锌厂		
1871	天津鲁华化工有限公司	1899	中法渤海地质服务有限公司
1872	天津市江达扬升工程技术有限公司	1900	天津海得润滋食品有限公司
1873	天津市亚东化工有限公司	1901	天津市瑞福鑫化工有限公司
1874	渤海石油装备（天津）中成机械制造有限公司	1902	天津红晨岛服饰有限公司
1875	天津滨海中冠胶管有限公司	1903	天津华舜汽配制造集团有限公司
1876	天津新港船务工程有限公司	1904	天津金伟晖生物石油化工有限公司
1877	天津辛德玛悬浮剂有限公司	1905	交通运输部天津水运工程科学研究所
1878	天津天德减震器有限公司	1906	中海油安全技术服务有限公司
1879	天津精华石化有限公司	1907	天津海赛纳米材料有限公司
1880	天津滨海新区大港天力胶管有限公司	1908	PPG 涂料（天津）有限公司
1881	中石化第四建设有限公司	1909	天津阿尔塔科技有限公司
1882	天津蚓福生物科技开发有限公司	1910	天津艾赛博生物技术有限公司
1883	天津固特节能环保科技有限公司	1911	天津艾思科尔科技有限公司

国家级高新技术企业（2206 家）（续三十三）

序号	名称	序号	名称
1912	天津爱波瑞科技发展有限公司	1941	海纳天成科技股份有限公司
1913	天津安果科技有限公司	1942	天津汉一医药科技有限公司
1914	天津滨海澳泰防水材料有限公司	1943	天津航天长征火箭制造有限公司
1915	天津澳优星通传感技术有限公司	1944	天津浩元精细化工股份有限公司
1916	天津百思特环保能源开发有限公司	1945	天津开发区合普工贸有限公司
1917	佰思电力设备（天津）有限公司	1946	恒拓开源信息科技股份有限公司
1918	版信圆融（天津）科技有限公司	1947	天津宏辉创意科技有限公司
1919	邦盛医疗装备（天津）股份有限公司	1948	鸿富锦精密电子（天津）有限公司
1920	北洋国家精馏技术工程发展有限公司	1949	天津市华恒包装材料有限公司
1921	天津滨海华医光电技术有限公司	1950	天津开发区华普惠诚网络科技有限公司
1922	天津滨海雷克斯激光科技发展有限公司	1951	天津开发区捷马车业有限公司
1923	博迈科海洋工程股份有限公司	1952	天津市金桥焊材集团有限公司
1924	天津市渤海新能科技有限公司	1953	天津钜祥精密模具有限公司
1925	中国石油集团渤海钻探工程有限公司	1954	凯莱英生命科学技术（天津）有限公司
1926	晨光生物科技集团天津有限公司	1955	天津康哲医药科技发展有限公司
1927	天津驰利钧城电子科技有限公司	1956	天津科润农业科技股份有限公司
1928	天津传世科技有限公司	1957	天津科润自动化技术有限公司
1929	天津达因建材有限公司	1958	天津快友世纪科技有限公司
1930	大悍（天津）汽车零部件有限公司	1959	天津利安隆新材料股份有限公司
1931	天津德威涂料化工有限公司	1960	天津六合镁制品有限公司
1932	天津灯塔涂料工业发展有限公司	1961	天津绿新低温科技有限公司
1933	天津帝凯维动物营养有限公司	1962	天津美亚化工有限公司
1934	天津鼎韬科技发展有限公司	1963	天津敏信机械有限公司
1935	鼎正动物药业（天津）有限公司	1964	天津明业油田技术开发有限公司
1936	天津东大化工集团有限公司	1965	天津摩嵌动力技术有限公司
1937	天津飞旋科技有限公司	1966	天津纳尔生物科技有限公司
1938	格拉默车辆内饰（天津）有限公司	1967	普生（天津）科技股份有限公司
1939	国家超级计算天津中心	1968	天津七一二通信广播股份有限公司
1940	天津海辰华环保科技股份有限公司	1969	天津启明通海信息技术有限公司

国家级高新技术企业（2206 家）（续三十四）

序号	名称	序号	名称
1970	勤威（天津）工业有限公司	1999	天津银宝山新科技有限公司
1971	天津瑞奇外科器械股份有限公司	2000	英特格灵芯片（天津）有限公司
1972	天津赛尔生物技术有限公司	2001	天津源达日化股份有限公司
1973	赛诺医疗科学技术有限公司	2002	天津运城塑业有限公司
1974	赛闻（天津）工业有限公司	2003	泽达易盛（天津）科技股份有限公司
1975	天津山口汽车紧固件制造有限公司	2004	正元盛邦（天津）生物科技有限公司
1976	天津商科数控技术股份有限公司	2005	中创智慧（天津）科技发展股份有限公司
1977	上西（天津）电缆有限公司	2006	天津开发区中环系统电子工程股份有限公司
1978	生源（天津）生物工程有限公司	2007	天津市中环三峰电子有限公司
1979	天津开发区圣鸿医疗器械有限公司	2008	中机国能炼化工程有限公司
1980	天津世程新材料科技股份有限公司	2009	中交一航局安装工程有限公司
1981	天津开发区世创科技股份有限公司	2010	天津实发中科百奥工业生物技术有限公司
1982	天津世纪康泰生物医学工程有限公司	2011	天津开发区中软卓越信息技术有限公司
1983	天津数海方舟信息技术研发有限公司	2012	天津中新科炬生物制药股份有限公司
1984	斯芬克司药物研发（天津）股份有限公司	2013	中星电子股份有限公司
1985	天津泰达洁净材料有限公司	2014	中央制塑（天津）有限公司
1986	天津泰达绿化集团有限公司	2015	中远关西涂料化工（天津）有限公司
1987	天健生物制药（天津）有限公司	2016	中证检测科技（天津）有限公司
1988	天津市天坤光电技术有限公司	2017	正大预混料（天津）有限公司
1989	通标标准技术服务（天津）有限公司	2018	华科新能（天津）科技发展有限公司
1990	天津同阳科技发展有限公司	2019	西门子电气传动有限公司
1991	天津开发区威克达科技发展有限公司	2020	天津联合远航信息技术有限公司
1992	天津炜捷制药有限公司	2021	天津新智视讯技术股份有限公司
1993	天津文洲机械有限公司	2022	力神动力电池系统有限公司
1994	天津开发区翔龙网络设备有限公司	2023	天津中子星科技发展有限公司
1995	天津信泰汽车零部件有限公司	2024	天津市万贸科技有限公司
1996	天津一瑞生物科技股份有限公司	2025	航天环境工程有限公司
1997	易良盛科技（天津）有限公司	2026	天津金海通自动化设备制造有限公司
1998	天津易天数字化服务有限公司	2027	德中（天津）技术发展股份有限公司

国家级高新技术企业（2206 家）（续三十五）

序号	名称	序号	名称
2028	天津市基理科技股份有限公司	2057	天津康汇洪美科技有限公司
2029	逸兴泰辰（天津）科技有限公司	2058	天津创天图文设计股份有限公司
2030	天津希恩思生化科技有限公司	2059	天津恩卓尼尔科技有限公司
2031	天津市康凯特软件科技有限公司	2060	天津企智科技股份有限公司
2032	天津布尔科技有限公司	2061	天津精利为科技有限公司
2033	天津光电华典科技有限公司	2062	天津浩宇天仿科技有限公司
2034	天津中瑞邦络克管道联接技术有限公司	2063	天津大海云科技有限公司
2035	天津市畅悦电子科技股份有限公司	2064	天津丙甲网络科技有限公司
2036	天津麒聚科技股份有限公司	2065	天津天传新能源电气有限公司
2037	天津汇讯视通科技有限公司	2066	天津天鼎电力工程设计有限公司
2038	天津银海环球信息技术有限公司	2067	天津市赛盟医疗科技有限公司
2039	展拓讯能（天津）科技有限公司	2068	天津中网基业智能系统工程有限公司
2040	天津市盘石纳新科技股份有限公司	2069	天津同创云科技术股份有限公司
2041	天津市艾瑞科技有限公司	2070	熠诺（天津）科技发展有限公司
2042	天津市高速公路科技发展有限公司	2071	天津纳新电子有限公司
2043	天津润阳软件技术有限公司	2072	天津灵卫科技发展有限公司
2044	天津科创医药中间体技术生产力促进有限公司	2073	天津威视同方科技有限公司
2045	天津市禾厘油气技术有限公司	2074	天津科林泰克科技有限公司
2046	天津市网城科技股份有限公司	2075	天津市龙川净化工程有限公司
2047	天津市思越信息系统科技有限公司	2076	天津天优科技股份有限公司
2048	中铁城建集团第三工程有限公司	2077	天津市骐高数码科技发展有限公司
2049	天津市三特电子有限公司	2078	天津药物研究院有限公司
2050	天津中科海高微波技术有限公司	2079	天津光电比特信息技术有限公司
2051	天津永汇仁恒科技股份有限公司	2080	天津天合众生医疗科技有限公司
2052	晶致非梵（天津）文化科技发展有限公司	2081	天津市科远系统工程有限公司
2053	天津市中恒凯诚信息技术有限公司	2082	天津敏捷网络技术有限公司
2054	天津众鑫视讯科技发展有限公司	2083	天津卫宁软件有限公司
2055	天津替代医学科技股份有限公司	2084	天津赢大科技有限公司
2056	天津美意机电设备工程有限公司	2085	三六零科技有限公司

国家级高新技术企业（2206 家）（续三十六）

序号	名称	序号	名称
2086	天津市航天安通电子科技有限公司	2115	天津塘沽瓦特斯阀门有限公司
2087	天津易泰通信息技术有限公司	2116	天津豪雅科技发展有限公司
2088	因诺微科技（天津）有限公司	2117	天津欧陆测控技术股份有限公司
2089	天津森宇科技发展有限公司	2118	天津市楚联科技发展有限公司
2090	天津海量信息技术股份有限公司	2119	天津安固密封技术有限公司
2091	天津市普瑞仪器有限公司	2120	天津芯慧鸿业科技发展有限公司
2092	天津捷希医疗设备有限公司	2121	天津天源国电电力技术有限公司
2093	天津市今晚网络信息技术股份有限公司	2122	天津朗誉科技发展有限公司
2094	天津普莱化工技术有限公司	2123	天津亿通达科技发展有限公司
2095	天津筑高机器人技术有限公司	2124	天津市博智伟业科技股份有限公司
2096	安普德（天津）科技股份有限公司	2125	天津普泰国信科技有限公司
2097	天津伽利联科技有限公司	2126	天津市兰标电子科技发展有限公司
2098	天津市亦龙创佳科技发展有限公司	2127	天津市中环天佳电子有限公司
2099	天津森迪恒生科技发展有限公司	2128	天津汉晴环保科技有限公司
2100	天津市征创科技有限公司	2129	天津市津兆机电开发有限公司
2101	特诺恩技术（天津）有限公司	2130	天津昌晖自动化系统有限公司
2102	天津一普信成科技有限公司	2131	天津中科蓝鲸信息技术有限公司
2103	天津市开创恒信科技有限公司	2132	天津市神州商龙科技股份有限公司
2104	天津永兴泰科技股份有限公司	2133	天津市均凯化工科技有限公司
2105	天津市普迅电力信息技术有限公司	2134	天津乾乾科技有限公司
2106	天津市瑞英泰科技发展有限公司	2135	天津海天方圆节能技术有限公司
2107	天津市道本致远科技有限公司	2136	天津贝斯特斯科技有限公司
2108	天津吉鸥华银科技股份有限公司	2137	天津求谛网络科技有限公司
2109	天津华鹤食品有限公司	2138	天津瀚海星云数字科技股份有限公司
2110	天津华利保温建材有限公司	2139	亿联（天津）机电工程股份有限公司
2111	天津新技术产业园区科茂化学试剂有限公司	2140	中科声相（天津）科技有限公司
2112	天津市天深科技股份有限公司	2141	天津市明伦电子技术股份公司
2113	天津中净能源工程股份有限公司	2142	天津鼎视汇达科技有限公司
2114	天津恒脉机电科技股份有限公司	2143	天津铂创国茂电子科技发展有限公司

国家级高新技术企业（2206 家）（续三十七）

序号	名称	序号	名称
2144	天津西美半导体材料有限公司	2173	天津医财通科技有限公司
2145	天津德高化成新材料股份有限公司	2174	天津市铁成科技发展有限公司
2146	天津市誉航润铭科技发展有限公司	2175	天津森源电力工程有限公司
2147	天津益阳煜赢网络科技有限公司	2176	天津世纪网新科技开发有限公司
2148	天津容业达科技发展有限公司	2177	大唐终端技术有限公司
2149	三益（天津）精密机械股份有限公司	2178	天津生物化学制药有限公司
2150	天津市达昆电子科技股份有限公司	2179	汇源印刷包装科技（天津）股份有限公司
2151	天津市雄华电子仪表股份有限公司	2180	西飞国际航空制造（天津）有限公司
2152	天津光韵达光电科技有限公司	2181	天津天汽模车身装备技术有限公司
2153	摩卡软件（天津）有限公司	2182	中铁十二局集团电气化工程有限公司
2154	天津智导科技有限公司	2183	天津正天医疗器械有限公司
2155	天津市赛鸣科技有限公司	2184	天津华宇股份有限公司
2156	天津汇康医用设备有限公司	2185	天津东南钢结构有限公司
2157	天津孚音生物科技发展有限公司	2186	中冶天工集团有限公司
2158	天津泰德合众生物科技发展有限公司	2187	天津博达集团有限公司
2159	天津荣辉电子有限公司	2188	太重（天津）滨海重型机械有限公司
2160	天津舜能润滑科技股份有限公司	2189	天津格林兰机械装备有限公司
2161	天津富伟科技有限公司	2190	天津海鸥手表技术有限公司
2162	诺恩（天津）照明科技有限公司	2191	天津瑞德软件评测科技有限公司
2163	天津领智科技有限公司	2192	天津金鹏源辐照技术有限公司
2164	天津市医药集团技术发展有限公司	2193	天津海洋数码科技有限公司
2165	天津盛扬信远科技有限公司	2194	天津航新航空科技有限公司
2166	天津华泽信息技术有限公司	2195	天津汉光祥云信息科技有限公司
2167	天津虹贯科技有限公司	2196	天津市博瑞特旅游观光火车有限公司
2168	天津市皓月科技有限公司	2197	国麒光电科技（天津）有限公司
2169	天津智慧视通科技有限公司	2198	天津市康瑞药业有限公司
2170	天津亿兆伟业科技集团有限公司	2199	天津瑞普生物技术股份有限公司
2171	天津网赢科技有限公司	2200	天津环球磁卡股份有限公司
2172	天津德勤和创科技发展有限公司	2201	天津顶硕药业股份有限公司

国家级高新技术企业（2206 家）（续三十八）

序号	名称	序号	名称
2202	海洋石油工程股份有限公司	2205	天津市松正电动汽车技术股份有限公司
2203	天津市利民调料有限公司	2206	天津津航计算技术研究所
2204	天津工大海宇半导体照明有限公司		

附　录

主要统计指标解释

（一）科学研究与技术开发机构

1. **从业人员**：指由本机构年末直接组织安排工作并支付工资的各类人员总数，包括固定职工、国家有编制的合同制职工、招聘人员和返聘的离退休人员，不包括离退休人员、停薪留职人员。

2. **科技活动人员**：指从业人员中的科技管理人员、课题活动人员和科技服务人员。

3. **R&D 人员**：指本单位人员及外聘研究人员和在读研究生中参加 R&D 课题的人员、R&D 课题管理人员和为 R&D 活动提供直接服务的人员，不包括为 R&D 课题提供间接服务的人员（如生活服务人员），也不包括全年从事 R&D 活动工作量不到 0.1 年的人员。

4. **R&D 人员折合全时当量**：指全时人员折合全时工作量与所有非全时人员工作量之和，结果取整数。一个全时人员的折合全时工作量计为 1，非全时人员按实际投入工作量进行累加。例如，有 2 个全时人员（他们的工作量分别为 0.9 年和 1.0 年）和 3 个非全时人员（他们的工作量分别为 0.2 年、0.3 年和 0.7 年），则折合为：折合全时工作量＝ 1+1+0.2+0.3+0.7=3（人年）（四舍五入）。

5. **R&D 经费内部支出**：指当年为进行 R&D 活动而实际用于本机构内的全部支出，应按“全成本核算”的口径进行计量，包括劳务费、其他日常支出、仪器设备购置费、土地使用和建造费等，不包括与外单位合作研究而拨给对方使用的经费。

6. **基础研究**：指为获得新知识而进行的独创性研究。其目的是揭示观察到的现象和事实的基本原理和规律，而不以任何特定的实际应用为目的。

7. **应用研究**：指为获得新的科学技术知识而进行的独创性研究。它主要针对某一特定的实际应用目的。应用研究通常是为了确定基础研究成果或知识的可能的用途，或者为达到某一具体的、预定的实际目的确定新的方法（原理性）或途径。

8. **试验发展**：指利用从研究或实际经验获得的知识，为生产新的材料、产品和装置，建立新的工艺和系统，以及对已生产或建立的上述各项进行实质性的改进而进行的系统性工作。

9. **R&D 课题数**：指研究与开发课题数，包括基础研究、应用研究和试验发展的课题。

10. **R&D 课题投入人员**：指本年实际参加 R&D 课题活动的各类人员工作量的总和。

11. **R&D 课题经费内部支出**：指当年为进行 R&D 课题研究而实际用于本机构内的全部支出，包括劳务费、其他日常支出、仪器设备购置费、土地使用和建造费等，不包括与外单位合作研究而拨给对方使用的经费。

12. **高级职称**：指研究员、副研究员，教授、副教授，高级工程师，高级农艺师，正、副主任医（药、护、技）师，高级实验师，高级统计师，高级经济师，高级会计师，正、副编审，正、副译审，高级（主任）记者，正、副研究馆员等。

13. **中级职称**：指助理研究员、讲师、工程师、农艺师、主治医（药、护、技）师、实验师、统计师、经济师、会计师、编辑、翻译、记者、馆员等。

14. **初级职称**：指研究实习员，助教，助理工程师、技术员，助理农艺师、农业技术员，医（药、护、技）师、医（药、护、技）士，助理实验师、实验员，助理统计师、统计员，助理经济师，助理会计师、会计员，助理编辑、见习编辑，助理翻译，助理记者，助理馆员、管理员等。

15. **学位和学历：**指由人事部门或干部部门根据国家有关规定，填报本机构从事科技活动人员的学位和学历情况，按获得的最高学位和最高学历填写。

16. **科技活动收入：**指本单位开展科技活动所获得的收入，无论来源渠道如何。

17. **政府资金：**指由各级政府部门直接拨款或企事业单位利用政府资金委托本机构从事科学技术活动所获得的收入。

18. **生产经营收入：**指本机构在科研、技术等专业业务活动以外开展非独立核算的生产经营活动取得的收入，包括产品（商品）销售收入、经营服务收入、工程承包收入、租赁收入和其他经营收入。

19. **其他收入：**指开展科技活动与经营活动以外的各项收入，包括医院的医疗活动、工程设计活动、教学培训等活动收入。

20. **科技活动支出：**指调查单位在报告期内用于内部开展科技活动实际支出的费用，包括来自科研渠道及其他各种渠道的经费实际用于科技活动支出的费用，包括外协加工费。

21. **人员费用:** 是指以现金或实物形式支付给科技活动人员的工资、薪金，以及所有其他的劳务费用，如奖金、奖金税、社会保障支出等。

22. **其他日常支出:** 指本单位用于科技活动除上述科目以外的支出。例如，用于科技活动的原材料费、水电能源费、差旅费、加工试验费、设备使用费、计算机机时费、资料印刷费等。培训研究生的消耗性支出也一并统计。

23. **生产经营支出：**指本机构在专业业务活动及辅助活动之外开展非独立核算经营活动发生的支出。

24. **其他支出：**指开展科技活动与经营活动以外的各项活动的内部支出，包括医院的医疗活动、工程设计活动、教学培训等活动的内部支出及离退休人员费用。

25. **科研仪器设备：**指本机构在基建投资的实际完成额中购置的科研仪器设备总值，非科研设备购置不记入此项。

26. **科研土建工程：**指本机构在基建投资的实际完成额中完成的科研土建工作量（如科研楼、试验用房等）、非科研土建工程（如住房等）不记入此项。

27. **研究人员：**指从事新知识、新产品、新工艺、新方法、新系统的构想或创造的专业人员及 R&D 课题的高级管理人员。

28. **专利申请受理数：**指调查单位在报告年度向国内外知识产权行政部门提出专利申请并被受理的件数。

29. **发明专利申请受理数：**指调查单位在报告年度向国内外知识产权行政部门提出发明专利申请并被受理的件数。

30. **专利申请授权数：**指报告年度由国内外知识产权行政部门向调查单位授予专利权的件数。

31. **发明专利申请授权数:** 指报告年度由国内外知识产权行政部门向调查单位授予发明专利权的件数。

32. **有效发明专利数：**指报告年度调查单位作为专利权人在报告年度拥有的、经国内外知识产权行政部门授权且在有效期内的发明专利件数。

33. **发表科技论文：**指报告年度在学术期刊上发表的最初的科学研究成果。应具备以下 3 个条件：①首次发表的研究成果；②作者的结论和试验被同行重复并验证；③发表后科技界能引用。统计范围为在全国性学报或学术刊物上、省部属大专院校对外正式发行的学报或学术刊物上发表的论文，以及向国外发表的论文。

34. **出版科技著作：**指经过正式出版部门编印出版的科技专著、大专院校教科书、科普著作。

（二）规模以上工业企业

1. **从业人员期末人数：**指报告期末最后一日 24 时在本单位工作，并取得工资或其他形式劳动报酬的人员数。该指标为时点指标，不包括最后一日当天及以前已经与单位解除劳动合同关系的人员，是在岗职工、劳务派遣人员及其他从业人员之和。

2. **R&D 活动人员合计中全时人员：**指企业在报告期馁实际从事 R&D 活动的时间占全年工作时间 90% 及以上的人员数。

3. **R&D 活动人员合计中非全时人员：**指报告期馁从事 R&D 活动的时间占全年工作时间 10%（含 10%）~ 90%（不含 90%）的人员数。

4. **R&D 经费内部支出：**指用于基础研究、应用研究、试验发展活动的经费支出，只填列本企业内部支出。

5. **企业办科技机构：**指企业自办（或与外单位合办），管理上同生产系统相对独立（或单独核算）的专门科技活动机构，如企业办的技术中心、研究院所、开发中心、开发部、实验室、中试车间、实验基地等。企业办科技机构经过资源整合，被国家或省级有关部门认定为国家级或省级技术中心的，应按一个机构填报。与外单位合办的科技活动机构若主要由本企业出资兴办，则由本企业统计，否则应由合办方统计。企业科技管理职能处（科）室（如科研处、技术科等）一般不统计在内；若科研处、技术科等同时挂有科技活动机构的牌子，视其报告年度内主要工作任务而定，主要任务是从事科技活动的可以统计，否则不予统计。本指标不含企业在中国境外设立的科技活动机构数。

机构人员合计：指企业办科技机构中从事科技活动的人员合计。

机构人员合计中博士毕业：指企业办科技机构中从事科技活动具有博士学历或博士学位的人员。

机构人员合计中硕士毕业：指企业办科技机构中从事科技活动具有硕士学历或硕士学位的人员。

机构经费支出：指企业办科技机构用于内部开展科技活动实际支出的总费用，包括机构人员劳务费（含工资）支出、机构业务费支出、管理费支出、固定资产构建支出及其他维持机构正常工作日常费用等的支出总和。

仪器和设备原价：指企业办科技机构固定资产中仪器和设备的原价，不包括长期闲置不用的仪器和设备。

仪器和设备原价中进口：指企业办科技机构固定资产中从国外购入的仪器和设备的原价，不包括长期闲置不用的仪器和设备。

6. **专利申请数：**指企业在报告期内向国内外知识产权行政部门提出专利申请并被受理的件数。

专利申请数中发明专利：指企业向国内外知识产权行政部门提出发明专利申请并被受理的件数。

7. **有效发明专利数：**指企业作为专利权人在报告期拥有的、经国内外知识产权行政部门授予且在有效期内的发明专利件数。

有效发明专利数中境外授权：指企业作为专利权人拥有的、经国内外及港澳台知识产权行政部门授予且在有效期内的发明专利件数。

8. **发表科技论文：**指企业立项科技项目产生的、并在有正规刊号刊物上发表的科技论文数量。

9. **拥有注册商标数：**指企业作为第一商标注册人拥有的、经境内外商标行政部门核准注册且在有效期内的商标件数，包括在境内和境外注册的商标件数，一件商标在境内外同时注册时只统计一件。

拥有注册商标中境外注册数：指企业作为第一商标注册人拥有的、经国外或港澳台商标行政部门核准注册且在有效期内的商标件数。

10. **形成国家或行业标准数：**指企业在自主研发或自主知识产权基础上形成的经有关部门批准的国家或行业标准项数。

11. **新产品产值：**指报告期内企业生产新产品的产值。新产品是指采用新技术原理、新设计构思研制、生产的全新产品，或者在结构、材质、工艺等某一方面比原有产品有明显改进，从而显著提高了产品性能或扩大了使用功能的产品。新产品既包括经政府有关部门认定并在有效期内的新产品，也包括企业自行研制开发，未经政府有关部门认定，从投产之日起一年之内的新产品。

12. **新产品销售收入：**指报告期内企业销售新产品实现的销售收入。

新产品销售收入中出口：指报告期内企业将新产品销售给外贸部门和直接出售给外商所实现的销售收入。

13. **使用来自政府部门的科技活动资金：**指报告期内企业从政府有关部门获得的科技活动经费合计，包括科技专项费、科研基建费、政府专项基金和补贴等。

14. **研究开发费用加计扣除减免税：**指企业有关政策和税法规定税前加计扣除的研究开发活动费用所得税，按当年税务部门实际减免的税额填报。对尚未得到当年减免税额的企业，按上年实际减免税额填报。

15. **高新技术企业减免税：**指高新技术企业按照国家有关政策依法享受的企业所得税减免额，按当年税务部门实际减免的税额填报。对尚未得到当年减免税额的企业，按上年实际减免税额填报。

16. **引进技术经费支出：**指报告期内企业用于购买国外或港澳台技术的费用支出，包括产品设计、工艺流程、图纸、配方、专利等技术资料的费用支出，以及购买设备、仪器、样机和样件等的费用支出。

17. **消化吸收经费支出：**引进技术的消化吸收指对引进技术的掌握、应用、复制而开展的工作，以及在此基础上的创新。引进技术的消化吸收经费支出包括人员培训费、测绘费、参加消化吸收人员的工资、工装、工艺开发费、必备的配套设备费、翻版费等。消化吸收经费支出中属于研发活动的经费支出，除包含在本项外，还要计入企业研发经费支出中。

18. **购买国内技术经费支出：**指报告期内企业购买境内其他单位科技成果的经费支出，包括购买产品设计、工艺流程、图纸、配方、专利、技术诀窍及关键设备的费用支出。

19. **技术改造经费支出：** 指报告期内企业进行技术改造而发生的费用支出。技术改造指企业在坚持科技进步的前提下，将科技成果应用于生产的各个领域（产品、设备、工艺等），用先进工艺、设备代替落后工艺、设备，实现以内涵为主的扩大再生产，从而提高产品质量，促进产品更新换代，节约能源，降低消耗，全面提高综合经济效益。

（三）国家级高新技术企业

1. **从业人员期末人数：** 指报告期末最后一日 24 时在本单位工作，并取得工资或其他形式劳动报酬的人员数。该指标为时点指标，不包括最后一日当天及以前已经与单位解除劳动合同关系的人员，是在岗职工、劳务派遣人员及其他从业人员之和。从业人员不包括离开本单位仍保留劳动关系，并定期领取生活费的人员； 在本单位实习的各类在校学生；本单位因劳务外包而使用的人员，如建筑业整建制使用的人员。

留学归国人员： 指从业人员中出国学习、取得学位的归国人员。

外籍常驻人员： 指企业从业人员中在中国大陆连续居住半年以上的外籍人员数。

中层及以上管理人员： 指在单位及其职能部门中担任领导职务并具有决策、管理权的人员，包括单位主要负责人或高级管理人员（包含同级别副职）、单位内的及部门或内设机构负责人（包含同级别副职）、特大型单位可以包括一级部门内设管理机构的负责人（包含副职）。

2. **营业收入：** 指企业经营主要业务和其他业务所确认的收入总额。营业收入合计包括“主营业务收入”和“其他业务收入”。根据会计“利润表”中“营业收入”项目的本年累计数填报。

3. **工业总产值：** 指工业企业在报告期内生产的以货币形式表现的工业最终产品和提供工业劳务活动的总价值量。

4. **年末资产总计：** 指企业过去的交易或事项形成的、由企业拥有或控制的、预期会给企业带来经济利益的资源。资产一般按流动性（资产的变现或耗用时间长短）分为流动资产和非流动资产。其中，流动资产可分为货币资金、交易性金融资产、应收票据、应收账款、预付款项、其他应收款、存货等；非流动资产可分为长期股权投资、固定资产、无形资产及其他非流动资产等。

5. **净利润：** 指企业实现的利润在上交国家所得税后的剩余部分。按会计“损益表”中“净利润”项的本年累计数填报。

6. **实际上缴税费总额：** 指企业在报告期年度内因生产经营等活动而实际上缴的各项税金、特种基金和附加费，包含印花税、土地使用税、房地产税及教育附加费等，不包含代扣代缴个人所得税和关税。按当年实际发生额填报。

7. **出口总额:** 指企业自营（委托）出口（包括销往香港、澳门、台湾地区）或交给外贸部门出口的产品、商品、出售给境外企业的技术或为外商提供服务获得收益的总金额，包括外商来样、来料加工及来件装配和补偿贸易等生产的产品价值，以及境外技术合同或服务实现金额。

8. **技术收入：** 指企业全年用于技术转让、技术承包、技术咨询与服务、技术入股、中试产品收入及接受外单位委托的科研收入等。

9. **产品销售收入：**指企业全年销售本企业生产的全部产成品、自制半成品和提供劳务等所取得的收入。

10. **高新技术产品销售收入：**指企业报告期内生产的符合国家和省高新技术重点范围、技术领域和产品参考目录的全新型产品，省内首次生产的换代型产品，国内首次生产的改进型产品，属创新产品等具有较高技术含量和附加值的产品所形成的销售收入。

11. **科技活动经费支出：**指报告期内企业用于开展科技活动的费用合计，包括人员人工费用、直接投入费用、折旧费用与长期待摊费用、无形资产摊销费用、设计费用、装备调试费用与试验费用、委托外部研究开发费用及其他费用。该指标应与企业有关研究开发会计科目或辅助账中研究开发费用对应。

人员人工费：指报告期内企业支付给科技活动人员的工资薪金、基本养老保险费、基本医疗保险费、失业保险费、工伤保险费、生育保险费和住房公积金，以及外聘研究开发人员的劳务费用等。该指标应与企业有关研究开发会计科目或辅助账中人员人工费用对应。

直接投入费用：指报告期内企业为实施科技研究开发活动而实际发生的相关支出，包括直接消耗的材料、燃料和动力费用；用于中间试验和产品试制的模具、工艺装备开发及制造费，不构成固定资产的样品、样机及一般测试手段购置费，试制产品的检验费；用于研究开发活动的仪器、设备的运行维护、调整、检验、检测、维修等费用，以及通过经营租赁方式租入的用于研究开发活动的固定资产租赁费等。该指标应与企业有关研究开发会计科目或辅助账中直接投入费用对应。

折旧费用与长期待摊费用：指报告期内企业为实施科技活动而购置的仪器和设备及在用建筑物的折旧费用，包括研发设施改建、改装、装修和修理过程中发生的长期待摊费用等。该指标应与企业有关研究开发会计科目或辅助账中折旧费用（与长期待摊费用）对应。

无形资产摊销费用：指报告期内企业用于科技活动的软件、知识产权、非专利技术（专有技术、许可证、设计和计算方法等）的摊销费用等。该指标应与企业有关研究开发会计科目或辅助账中无形资产摊销费用对应。

设计费用：指报告期内企业为新产品和新工艺进行构思、开发和制造，进行工序、技术规范、规程制定、操作特性方面的设计等发生的费用，包括为获得创新性、创意性、突破性产品进行的创意设计活动发生的相关费用等。该指标应与企业有关研究开发会计科目或辅助账中设计费用对应。对于按照研究开发费用加计扣除减免政策进行核算的企业，该指标应与其新产品设计费用和新工艺规程制定费用合计对应。

装备调试费用与试验费用：装备调试费用指报告期内企业在工装准备过程中研究开发活动所发生的费用，包括研制特殊、专用的生产机器，改变生产和质量控制程序，或者制定新方法及标准等活动所发生的费用，为大规模批量化和商业化生产所进行的常规性工装准备和工业工程发生的费用不能计入归集范围。试验费用包括新药研制的临床试验费、勘探开发技术的现场试验费、田间试验费等。该指标应与企业有关研究开发会计科目或辅助账中装备调试费用与试验费用对应。对于按照研究开发费用加计扣除减免政策进行核算的企业，该指标应与其新药研制的临床试验费和勘探开发技术的现场试验费合计对应。

委托外单位开展科技活动的经费支出：指报告期内企业委托境内外其他机构进行科技活动所发生的费用。该指标应与企业有关研究开发会计科目或辅助账中委托外部研究开发费用对应。

其他费用：指报告期内企业除上述费用之外与科技活动直接相关的其他费用，包括技术图书资料费，资料翻译费，专家咨询费，高新科技研发保险费，研发成果的检索、论证、评审、鉴定、验收费用，知识产权的申请费、注册费、代理费，会议费，差旅费，通信费等。该指标应与企业有关研究开发会计科目或辅助账中其他费用对应。

12. **当年形成用于科技活动的固定资产支出**：指报告期内企业形成的用于科技活动的固定资产原价。该指标应与企业有关会计科目计入的形成用于企业研究开发活动的固定资产原价对应。对于科研与生产共用的固定资产应按比例进行分摊，其中，仪器和设备一般应按使用时间进行分摊，建筑物一般应按使用面积进行分摊。

仪器和设备：指报告期内企业形成的用于科技活动的固定资产中仪器和设备原价，其中，设备包括用于科技活动的各类机器和设备、试验测量仪器、运输工具、工装工具等。

13. **参加项目人员**：指报告期内企业编入某科技活动项目组并实际从事（参与）科技项目研究活动的人员。该指标应与企业有关研究开发会计科目或辅助账中人员人工费子科目里参加该项目人员对应。若研究开发人员同时参加两个及以上科技活动项目，可重复填报。

14. **项目折合全时人员**：指报告期内项目组人员实际工作的时间总和。

15. **项目经费支出**：指报告期内企业用于开展科技项目研究活动的实际经费支出，包括人员人工费用、直接投入费用、折旧费用与长期待摊费用、无形资产摊销费用、设计费用、装备调试费用与试验费用、委托外单位开展科技活动的经费支出及其他费用。该指标应与企业有关研究开发会计科目或辅助账中项目有关费用对应。

16. **专利申请数**：指企业作为第一申请人向境内外知识产权行政部门提出专利申请并被受理后，按规定缴足申请费，符合进入初步审查阶段条件的件数。

17. **专利所有权转让及许可数**：指报告期内企业向外单位转让专利所有权或允许专利技术由被许可单位使用的专利件数。

18. **专利所有权转让与许可收入**：指报告期内企业向外单位转让专利所有权或允许专利技术由被许可单位使用而得到的收入，包括当年从被转让方或被许可方得到的一次性付款和分期付款收入，以及利润分成、股息收入等。

19. **发表科技论文数**：指报告期内企业立项科技项目产生的、并在有正规刊号刊物上发表的科技论文数量。

20. **拥有注册商标数**：指报告期末企业作为第一商标注册人拥有的、经境内外商标行政部门核准注册且在有效期内的商标件数，包括在境内和境外注册的商标件数，一件商标在境内外同时注册时只统计一件。

21. **形成国家或行业标准数**：指企业在自主研发或自主知识产权基础上形成的经有关部门批准的国

家或行业标准项数。国家标准是指由国家标准化主管机构批准发布，对全国经济、技术发展有重大意义，且在全国范围内统一的标准。对没有国家标准又需要在全国某个行业范围内统一的技术要求，可以制定行业标准，是专业性、技术性较强的标准。作为对国家标准的补充，当相应的国家标准实施后，该行业标准应自行废止。行业标准由行业标准归口部门编制计划、审批、编号、发布、管理。行业标准的归口部门及其所管理的行业标准范围，由国务院行政主管部门审定。

22. **新产品产值：**指报告期内企业生产新产品的产值。新产品是指采用新技术原理、新设计构思研制、生产的全新产品，或者在结构、材质、工艺等某一方面比原有产品有明显改进，从而显著提高了产品性能或扩大了使用功能的产品。新产品既包括经政府有关部门认定并在有效期内的新产品，也包括企业自行研制开发，未经政府有关部门认定，从投产之日起一年之内的新产品。

23. **新产品销售收入：**指报告期内企业销售新产品实现的销售收入。

24. **享受高新技术企业所得税减免：**指报告期内高新技术企业按照国家有关政策依法享受的企业所得税减免额，按填报期当年税务部门实际减免的税额填报。如本年实际发生的减免额为零，即填 0。对填报期上年应获得减免但未予实施，而实际在填报期年度获得减免的，须计入填报期填报。

25. **研究开发费用加计扣除减免税：**指报告期内企业按照有关政策和税法规定税前加计扣除的研究开发活动费用所得税，按填报期当年税务部门实际减免的税额填报。

26. **技术转让所得税减免：**指按照《企业所得税法》第二十七条和《企业所得税法实施条例》第九十七条规定，企业符合条件的技术转让所得免征、减征的企业所得税额。

27. **技术改造经费支出：**指报告期内企业进行技术改造而发生的费用支出。技术改造指企业在坚持科技进步的前提下，将科技成果应用于生产的各个领域（产品、设备、工艺等），用先进工艺、设备代替落后工艺、设备，实现以内涵为主的扩大再生产，从而提高产品质量，促进产品更新换代，节约能源，降低消耗，全面提高综合经济效益。

28. **引进境外技术经费支出：**指报告期内企业用于购买国外或港澳台技术的费用支出，包括产品设计、工艺流程、图纸、配方、专利等技术资料的费用支出，以及购买设备、仪器、样机和样件等的费用支出。

29. **引进技术的消化吸收经费支出：**指报告期内企业引进国外或港澳台技术的消化吸收经费支出。引进技术的消化吸收指对引进技术的掌握、应用、复制而开展的工作，以及在此基础上的创新。引进技术的消化吸收经费支出包括人员培训费、测绘费、参加消化吸收人员的工资、工装、工艺开发费、必备的配套设备费、翻版费等。消化吸收经费支出中属于研发活动的经费支出，除包含在本项外，还要计入企业研发经费支出中。

30. **购买境内技术经费支出：**指报告期内企业购买境内其他单位科技成果的经费支出，包括购买产品设计、工艺流程、图纸、配方、专利、技术诀窍及关键设备的费用支出。